具身智能

从虚拟AI到现实AI

杜雨　张孜铭————著

中国出版集团

中译出版社

图书在版编目（CIP）数据

具身智能：从虚拟 AI 到现实 AI / 杜雨 , 张孜铭著 .

北京：中译出版社 , 2024. 9. -- ISBN 978-7-5001

-8054-8

Ⅰ . TP18

中国国家版本馆 CIP 数据核字第 2024TH7458 号

具身智能：从虚拟 AI 到现实 AI
JUSHEN ZHINENG： CONG XUNI AI DAO XIANSHI AI

著　　者：杜　雨　张孜铭
策划编辑：于　宇　田玉肖
责任编辑：于　宇
文字编辑：田玉肖　华楠楠
营销编辑：马　萱　钟筏童
出版发行：中译出版社
地　　址：北京市西城区新街口外大街 28 号 102 号楼 4 层
电　　话：（010）68002494（编辑部）
邮　　编：100088
电子邮箱：book@ctph.com.cn
网　　址：http://www.ctph.com.cn

印　　刷：山东新华印务有限公司
经　　销：新华书店
规　　格：880 mm×1230 mm　1/32
印　　张：8.125
字　　数：135 千字
版　　次：2024 年 9 月第 1 版
印　　次：2024 年 9 月第 1 次印刷

ISBN 978-7-5001-8054-8　　　　　定价：69.00 元

中　译　出　版　社

编委会成员名单

（按参编章节顺序排序）

张和顺　　黄　诚　　陈　博
高泽林　　陈一铭　　朱柏华
尹　航　　韩烁楠　　韦龙杰
陈彦廷　　曾　伟

专家推荐

　　人类数千年形成的文明形态，正在被飞速发展和趋于成熟的 AI 侵入和改造。AI 正在通过各类智能体对人类施加日益深刻的影响。其中，作为人形机器人的"具身智能"是最为完备的智能体，它们具有感知、认知和行动能力，具有不断强化对原本人类生产和生活的渗透，最终重构未来的经济和社会形态的巨大潜力。《具身智能：从虚拟 AI 到现实 AI》对这样的历史过程和技术模式演变，以及社会和经济后果，都做了深入浅出的描述和分析，值得关心人工智能领域进展的各个阶层人士阅读。

——经济学家，横琴粤澳深度合作区数链数字金融

研究院学术与技术委员会主席　朱嘉明

　　随着 AI、机器人技术的迭代进步，具身智能已不只是科幻小说中的概念，它正在发生，并逐步重塑人类与机器的

互动方式，成为推动人工智能从理论走向实际应用的关键力量。在当前阶段，理解和应用具身智能的能力变得尤为重要。本书深入剖析了具身智能的技术进展，展示了具体智能产业生态与应用场景，探索人机共生时代具身智能如何融入我们的生活、改变我们的世界。本书值得细细品读。

——追觅科技创始人兼CEO 俞浩

具身智能的发展昭示着人工智能技术的进步进入了新纪元，而本书则全方位展现了具身智能如何在现实世界中落地生根，以及它如何塑造我们对未来世界的想象。

——上海交通大学上海高级金融学院教授，

美联储前高级经济学家 胡捷

AI与物理感知融合，虚拟智慧叠加，实现机器认知判断的升级；AI与机器动作融合，实现自主决策操作的跃迁。我们这代人何其有幸，既目睹人类集体智慧使机器人实现具身智能，又将见证具身智能成为下个百年人类最亲密的伙伴。

——阿拉丁智能创始人 何孝珍

相信在不久的将来，具身智能领域的创新将成为推动经济腾飞的强大翅膀，它将重塑我们与人工智能互动的方式，开启一个以实体智能为核心的全新时代。

——中国科学院大学教授　孙毅

具身智能的创新和发展过程是朴素且迷人的，它不仅拓展了我们对智能本质的理解，更在实际应用中展现出了巨大的潜力和价值。

——奇波机器人CEO　耿一宁

人工智能借助机器人等形式实现具身化，是智慧与行动的完美融合。本书让我们得以一窥未来生活的模样。

——可以科技创始人兼CEO　杨健勃

具身智能是继AIGC之后人工智能领域的又一热点，它代表了AI从虚拟世界向实体世界的跨越，赋予机器感知、认知和行动的能力。如果想系统地了解具身智能的全景，推荐你读一读这本书。

——凌迪科技创始人兼CEO　刘郴

具身智能的蓬勃发展，映射了硅基生命的持续迭代与进化。这不仅是技术领域的一大飞跃，更是人类与机器关系日益紧密的象征。随着技术的不断进步，各种具身智能体正逐步成为我们不可或缺的宝贵伙伴。

——进化智能合伙人　李立峰

"灵巧手"是打开具身智能大门的钥匙，是机器人皇冠上的明珠。人工智能从虚拟走向现实，需要依靠不同形态的身体逐步实现与人类更为紧密的协作和共生。具身智能需要的既是"灵芯"，也是"巧手"，更是"中国芯、中国手"。

——灵心巧手（北京）科技有限公司联合创始人　郑筱佑

自身而生的智能

你听说过"缸中之脑"吗？

这是希拉里·普特南（Hilary Putnam）1981 年提出的著名思想实验。在这个实验中，你的大脑被从身体上切了下来，放进了充满营养液的玻璃缸中。大脑的神经末梢都被连接在了计算机上，由计算机模拟出所有对于世界的感知和记忆。在这样的假设下，一个基本问题就会暴露在所有人面前："你如何保证现在的自己就不是缸中之脑呢？"

也许我们很难证明或证伪这个思想实验，但却可以把视角转移到实验背后的基本假设上——"我们的智能完全来自我们的大脑"。

这个假设非常具有唯物主义色彩，但似乎不那么牢靠。假如人类都是全身长满眼睛的球形体，似乎我们就很难具备有关自己"面前"和"背后"的相关认知；假如你在海鸥的身体内诞生，你对于这个世界的了解也肯定区别于在人类身体里所形成的一切。我们所具备的知识、技能和智慧，不仅取决于我们的大脑，还取决于我们的身体，以及身体在和世界的交互中所获得的反馈。

就像学习跳舞时，优秀的舞者从来不是靠画面来记忆动作的，而是靠体验去习得动作的。在我们起舞时，思想占据了我们的身体，所有感官变得活跃，通过感官，思想可以去感受、去聆听，并遵循身体的智慧，最终形成了曼妙的舞姿。

感知化为认知，认知促成行动，这就是我们的智能，具备身体后形成的智能。

当人们想创造出拥有智能的机器时，自然也参考了这种思路。特别是到 20 世纪末期，人工智能领域行为主义学派的蓬勃发展，将这种思想逐步推向了高潮。相较于注重数理逻辑和推理的符号主义、模拟神经元仿生结构的联结主义，行为主义起源于控制论，更关注在"感知—行动"的链路中，与现实环境不断交互所诞生的智能。这一学派也在吸纳其他学派思想精华的基础上，持续引领着智能机器人等行业的繁荣。

直到今天，人们越来越发现，要想让人工智能充分影响现实世界，需要将智能嵌入身体，在与环境的互动中不断进化，这也是本书重点讨论的主题——具身智能。不过，鉴于具身智能还是一个快速迭代的全新领域，本书会适当扩展这一概念的外延，把所有嵌入实物身体上的人工智能，统称为具身智能。

当人工智能嵌入人形机器人时，它就变成了具身智能机器人；当人工智能嵌入汽车时，它就变成了自动驾驶汽车；当人工智能嵌入家居设备时，它就变成了智能家居产品。可以说，人工智能在嵌入实物身体的同时，也嵌入了我们的生活，影响着我们生活的方方面面。

智能的人形机器人，可以更加适配人类的生活场景，现实世界的建筑、工具、设施都是为人类所设计的，人形的具身智能机器人很容易就能帮我们分担各种家务和工作。自动驾驶的汽车，不仅可以方便人们的出行、减缓司机长途驾驶的疲惫，还可以改善整个交通系统的运作效率。而智能家居，在让我们的日常生活变得更轻松的同时，也让整个家庭环境变得更加安全与温馨。相信在不久的将来，我们的世界就会变成人类与机器和谐相处的世界。

这样的世界无疑是让人神往的，但需要各行各界的朋友共同努力。所以，除了介绍人形机器人、自动驾驶、智能家居等与具身智能密切相关的科技产品，本书还将对具身智能的底层原理进行通俗化的解读，让每一位读者都能直观感受到人工智能从虚拟走向现实的过程中，是如何感受世界、理解世界、改变世界的；也让读者知晓，当今大语言模型等AIGC技术的进步、模拟器及智能体的迭代，是怎样驱动着具身智能领域不断向前的。本书最后也将对具身智能时代背景下的法律监管、经济社会影响及教育启示进行探讨。

在本书的撰写过程中，感谢未可知大家庭所有成员一直以来对我们的鼓舞，感谢中译出版社和所有好友对本书的支持，感谢徐臻哲、Harvey 在本书编校中提供的建议和帮助。此外，需要特别说明的是，本书描述的是截至出版时的具身智能领域的发展情况，如想了解相关领域的最新资讯，可以关注微信视频号（@ 杜雨说 AI）。

祝愿具身智能的未来愈加光明！

作者

2024 年 3 月

目 录

I

第一章

探索具身智能的奥秘

计算机必须具备身体才能获得真正的智能。

——休伯特·德雷福斯（Hubert Dreyfus）

进入 21 世纪以来，我们已经见证了太多关乎人工智能的"奇迹"。从战胜围棋世界冠军的 AlphaGo 到能够像人类一样对话并完成各种创作任务的 ChatGPT，人工智能的强大无疑已经深入人心。然而，在今天这个时刻，当我们关注"人工智能能做什么"的时候，不妨也关注一下"人工智能还不能做好什么"，这对于推动人工智能技术的持续进步与发展十分重要。

举例来说，虽然 AlphaGo 的围棋实力很强，但如果要它从桌上繁多的物品中找到棋盒，打开盖子，拾起一颗棋子放在棋盘上，这种每一位棋手都能做到的事情它显然难以做到；而 ChatGPT 虽然可以详细地解答像菜谱咨询这样复杂的问题，但它并不能像人类厨师一样，根据菜谱直接为你制作一餐美味的佳肴。所以，现在的人工智能，似乎更像是"理论家"，而非"实干家"。想要人工智能不再"纸上谈兵"，就必须把它们装入现实的身体，让它们拥有与环境交互的能力。接下来，就让我们一起来探索让人工智能成为"实干家"的奥秘。

第一节　具身智能：让人工智能成为"实干家"

早在 1950 年，艾伦·图灵（Alan Turing）在论文《计算机器与智能》（*Computing Machinery and Intelligence*）中，就提及了有关"具身智能"的思想。

"我们可能希望机器最终会在所有纯智能领域与人类竞争。但最好从哪些领域开始呢？这本身就是一个困难的决定。许多人认为，最好从非常抽象的活动开始，例如下国际象棋。也有人认为，最好是为机器装上用钱能买到的最佳传感器，然后教会它理解和说英语。这个过程可以遵循对普通儿童教育的方法，例如指着物体告诉他英语名字，等等。再次强调，我不知道正确答案是什么，但我认为应该尝试这两种方法。"[1]

虽然上述段落中的两种方法并不典型，但其实已经同时涵盖"离身智能"（Disembodied Intelligence）和"具身智能"（Embodied Intelligence）这两个概念了。图灵所说的能下国际象棋的人工智能，就可以看作一种"离身智能"，它不需要与现实世界交互，也可以不具备具体的物理形态，只需要抽象的算法来构成智能的基础。而后面在现实交互中学英语的例子则可以看作一种"具身智能"，它依托于传感器捕获物理世界的信息，在现实的交互中形成对事物的认知，最终又能根据认知去影响物理世界。

讲到这里，相信不少读者可能会有这样的疑惑：我当然理解具备身体对于完成现实世界的任务很重要，毕竟有手、有脚、有感官才能做事情，但它为什么对于智能的形成很重要呢？下面我们将针对这一问题展开解析。

---

[1]　Turing, A. M. (1950). Computing Machinery and Intelligence. Mind. LIX (236), 433–460.

一、为什么"具身"对于"智能"很重要

想要理解这个问题，其实就是理解"先知后行"和"知行合一"的区别。在现实世界中，很多任务的学习必须是知行合一的。比如，对于篮球运动员来说，即使学过再多的关于篮球的理论、看过再多的篮球比赛视频，也不如上场练一练，否则永远不能打好篮球。因为实际中的篮球比赛绝不是理想的环境，人员配合的变动、控球时的走位、投篮时的手感，这些都会对比赛成绩有很大影响，但这些情境的应对都不是简单能从课本和视频中学习到的。人类如此，机器也是如此，对于完成一个现实的任务，并不是把学习好的智能脑袋放到身体上就行，而是要让具备身体的智能在环境的交互中持续学习。如果用一个人的学习视角来作比喻，前者是让机器在第三人称的视角上学习，后者是让机器在第一人称的视角上学习。

对于当今繁荣的互联网智能（Internet AI）来说，它的学习过程其实就是放在第三人称视角上完成的，所以人们也常常直接用它来指代"离身智能"。在学习中，人们需要准备好从互联网中提取到的文本、图像、视频数据集，经过精良的加工和标注，最终把这些数据"喂给"人工智能，让它

站在"上帝"的视角学习，这本质上就是一种旁观标签式的学习方法。它高度依赖于从数据到标签的映射，难以泛化到各种场景，也很难影响到现实世界。与之相对应的，就是具身智能的实践性概念学习的方法，通过第一人称的观察、移动、互动等方式来对概念进行学习了解，从传感器中捕获到视觉、听觉、触觉等相关信息，最终形成一个综合的概念印象，并可以被用于解决各种现实难题，这其实和人类，甚至所有智能生物的学习过程是相似的。[①]

如果以杯子来举例这两种学习过程，互联网智能的学习就是找到各式各样的杯子的照片，并对照片里杯子的位置进行标注，这样给出一张新杯子的照片，就能识别出来。然而，这样的学习过程只是将具有特定形态特征的图像和杯子这个语言符号做出关联，并没有真正理解杯子到底是什么。当你需要人工智能倒杯水时，它不会自动联想到可以去识别找出附近区域的杯子去倒水。而对人类来说，其实学习方式是靠实践体验的。不需要那么多杯子的照片，只要给我一个杯子实物，让我看看杯子，摸摸杯子，抓起杯子倒点东西试试看，我不需要那么多杯子的素材，其实就能理解杯子是什

---

① 参考自 https://blog.csdn.net/qq_39388410/article/details/128264098。

么。后面无论是让我去倒杯水，还是去超市买个杯子，我都能用学习到的知识完成任务，这其实也是具身智能的学习想要达到的效果。

总结一下，从离身到具身的发展，对于人工智能主要具有四个重要的意义：赋予实际存在、增强环境感知力、提升情境理解力、减小数据依赖性。[1]

- 赋予实际存在：人工智能不再局限于虚拟世界，它不仅能够处理好信息与数据层面的问题，而且拥有了真实的感官输入和身体存在，可以更好地辅助和融入人类现实世界的日常生活。

- 增强环境感知力：人工智能拥有了视觉、触觉、听觉等感官和与环境的交互能力，能够更好地感知和理解现实世界的情况，并应对现实中的各种问题。

- 提升情境理解力：人工智能可以结合现实世界的情境变化做出相应的调整，能对微妙的态势加以感知并做出更加明智的判断和反应。

- 减小数据依赖性：人工智能降低了对于历史数据的依赖

---

[1] 参考自 https://www.techopedia.com/embodied-ai-bridging-the-gap-between-mind-and-matter。

性，提升了对不可预见的情况的适应性，可以在不断变化的现实情况中做出正确的反应与行动。

二、具身智能的能力拆解

经过前面的介绍，相信各位读者对于"具身智能"这个概念已经有了初步的了解，在接下来的内容中，我们将探讨一下，构成具身智能的必要能力有哪些？

在探讨这个问题之前，我们先来审视一下人类自身智能的形成过程。我们虽然具备了身体，也具备了大脑这一智能产生的物质基础，但如果没有获取外界感知的各种感官，其实也没有办法很好地理解这个世界。假设先天失去了视觉感官，我们就很难理解各种颜色的含义；如果先天失去了听觉感官，我们也很难掌握音乐的奥妙。可以说，感官是我们打通精神世界和物理世界的桥梁，也同样是人工智能打通虚拟世界和现实世界的通道。

具身智能，首先应该拥有具身感知能力（Perception），这是智能形成的前提。我们需要运用各种类型的传感器、摄像头、麦克风等，为机器打造视觉、听觉和触觉感官，帮助它更好地获取外界的信息。不过，人类感官的功能可不仅仅包含接收外界的信息，还需要把信息翻译成大脑可以理解的信号。对于机器来说，计算机视觉、语音识别等技术就变得至关重要。通过这些技术，机器能够将从外界获取到的数据转化为可处理的形式，使其能够被算法和程序理解。

当然，只拥有具身感知能力并不够。例如一个人想要去打篮球，在他眼睛看到篮球的形状和颜色、手里摸到篮球时，大脑其实就会自动浮现出他对篮球动作、比赛规则和策略的认知，这些认知会指导和贯穿他后面打篮球的全过程。因此，具身认知（Cognition）同样是具身智能必备的能力之一。对于机器来说，具备认知能力意味着它能够理解感知到的信息，并在此基础上进行推理和决策。机器学习也和人类学习一样，都是丰富认知的过程。在学习完有关物理世界的数据后，机器会把认知沉淀为模型，并在持续的学习中不断迭代优化，最终达到理想的效果。

那么，如何度量一个机器学习到位了呢？"实践是检验真理的唯一标准"，人的认知可以在实践中被检验，那么机器也是如此。所以，具身智能需要具备的最后一个能力就是具身行动（Action）。它不仅是指机器对外界信息做出反应，更是机器基于感知和认知能力采取实际行动、影响现实世界的过程。在具身行动层面，机器不仅需要执行指定的任务，还要具备适应性和灵活性，能够根据环境的变化做出即时的决策和调整。例如一辆自动驾驶的汽车在感知到道路上的障碍物后，不仅要能够识别障碍物的类型和位置，还需要迅速做出避让或停车等实际行动。这就要求机器拥有高效的运动控制和决策算法，以确保在复杂的环境中能够安全而有效地行动，这也是很多具身智能研究关注的方向。

结合前面的介绍，我们可以提取出具身智能必备的三个能力，分别是具身感知、具身认知和具身行动，它们的含义解释如下。

- 具身感知：关于机器如何感受现实世界的能力。它既包含如何获取世界的信息，也包含如何将获取到的信息处理成可以被认知的形式。
- 具身认知：关于机器如何理解现实世界的能力。它是学习现实世界信息后的结果，并能在持续学习过程中加以迭代。
- 具身行动：关于机器如何影响现实世界的能力。它建立在具身感知和具身认知的基础之上，需要对复杂的环境具备一定的适应性和灵活性。

值得注意的是，具身感知、具身认知、具身行动并不是相对孤立的三种能力，而是相互联系的一个整体。正如加利福尼亚大学圣迭戈分校的助理教授苏昊在 2023 年北京智源大会上分享的有关具身智能的观点："具身智能的关键科学问题是通过耦合感知、认知和行动的基础框架来实现概念的涌现和表征的学习。"[①]

图 1-1 中则反映了具身感知、具身认知和具身行动三者的关联，机器可以从具体的感知中获取认知，根据认知则可以优化身体的行动，而根据自身的行动又会获取新的感知。如此循环往复，智能也会不断地进化，最终形成真正能够服务于人类日常生活的"具身智能"。

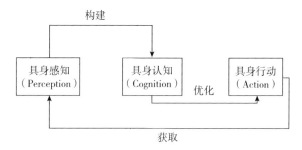

图 1-1　具身感知、具身认知和具身行动间的关联

---

① 参考自 https://www.bilibili.com/video/BV1Kh411T7V5/。

三、从理论走向现实的具身智能

在前面的部分中，我们已经探讨了让智能具备身体的重要性，以及具身智能应该具备的基本能力，但所有的讨论似乎还是停留在理论部分，并没有落地于现实的具象感。作为一个新兴的概念和领域，"具身智能"从理论走向现实，离不开人工智能各个子领域的进步与发展。

根据加州大学洛杉矶分校的朱松纯教授在《视觉求索》AI 综述专栏发布的文章[①]，人工智能大体可以划分为六大领域：计算机视觉、自然语言理解与交流、认知与推理、机器学习、机器人学、博弈与伦理。

- 计算机视觉：让计算机学会如何"看"的领域，使其具备类似于人类的视觉系统，从而能够识别图像、视频或其他视觉数据中的模式、对象和特征。
- 自然语言理解与交流：让计算机系统具备理解和处理人类自然语言的能力，同时能够基于自然语言与人之间进行各种形式的交流。

[①] 参考自 https://mp.weixin.qq.com/s/FviKmTLe0GnpV4W4uyIQIw。

- 认知与推理：让计算机系统理解各种物理和社会常识，并能够基于此进行进一步的推理。

- 机器学习：让计算机模拟人的学习行为，从历史经验中学习以完成特定任务，并能通过重新组织已有的知识结构不断改善自身的性能。

- 机器人学：关于如何设计、构建、操作和使用机器人的学科领域。

- 博弈与伦理：关注计算机在与其他系统或人类进行交互时的相互作用过程，并探究这一过程中数学模型角度和社会价值角度的合理性。

下面我们将分析每一个领域对于具身智能从理论走向现实的作用。

1. 计算机视觉技术

顾名思义，计算机视觉就是为具身智能这样的计算机系统搭建一个类似于人类的视觉体系。然而，人类的视觉系统可不仅仅是"看见"这么简单，还需要拥有理解看见物体的能力。以观察厨房中放在桌面上的一根火腿肠为例，计算机视觉想要趋近于人类视觉，需要理解以下维度。

- 形状外观：具身智能是否能知道什么样的形状和什么样的外观的物体叫"火腿肠"？下次出现其他火腿肠的图像是否能认出来？

- 空间关系：具身智能看到桌上摆放的火腿肠时是否能理解它摆放的三维位置以及如何运用机械手臂去触达？

- 功能属性：具身智能看到火腿肠是否知道它的可食用属性？收到"去出发拿点吃的"的指令时是否能想到去抓取这根火腿肠？

- 物理特征：具身智能是否能理解火腿肠圆柱体的形状容易滚动？应该以什么样的方式放在桌上足够稳当？

- 因果趋向：具身智能看到一只小狗跑进了厨房时，是否能够事先预见接下来小狗可能叼起火腿肠就跑？

简单来说，计算机视觉领域的进步与发展可以帮助具身智能体学会更好地像人类一样运用好眼睛，从简单的"看见"升级为"看见并理解"。

2. 自然语言理解与交流技术

毫无疑问，自然语言也是人类智能最典型的特征，最初的图灵测试就是通过语言的维度来定义智能的，即通过语言对话判断机器是否能逼真地假装自己是一个人类。到了 2022年末 ChatGPT 的出现、2023 年大语言模型的群雄混战，人们无疑也认识到了人工智能在语言领域的突破所带来的强大裨益。人与人之间的各类意图和信息都靠语言来进行沟通和交流，而自然语言理解与交流领域的技术进步就是为具身智能与人类的交流埋下伏笔。具身智能体要走进人们的生活中，必然要听懂人们的需求或者回应人们的问题，自然语言理解与交流的相关技术就是为具身智能打造一套人类的语言交流系统。

3. 认知与推理技术

认知与推理这一技术领域对于具身智能构建的重要性其实在视觉系统部分和语言系统部分都有涉及。具身智能和人类共同生活在一个世界，而有关这个世界的认知可以抽象为一个共有的世界模型，同时具身智能也能据此来产生符合人类认知的种种推理。以前面的视觉部分为例，具身智能想要理解前面全部的视觉问题，需要掌握火腿肠的认知、厨房环境及环境里每个物体的认知，以及进入环境内的小狗有关的认知，这些都是世界的一部分，而当具身智能的视觉活动范围扩大时，模型所需具备的认知也会不断被丰富，从而能更好地支持视觉系统，并基于视觉感知去做种种推理。而语言系统也是类似的，两个智能体对话的前提是彼此共同知道一些东西，只有这样才能交流，不然聊起来就像两个没有常识的人在交流，只能牛头不对马嘴。这些共同认知都可以抽象为世界模型，在此基础上才能基于语言感知去完成相应推理。总结一下，认知与推理的相关技术赋予了具身智能常识，或者说与人类相一致的关乎世界的共同知识，让具身智能能够统一感知与认知，从而进行推断与预测。

4. 机器学习技术

前面我们提到了具身智能需要掌握一定的有关世界的认知，而与人类一样，获取这些认知的方式就是学习，所以机器学习的相关技术可以赋予具身智能学习能力，它不仅让具身智能从 0 到 1 拥有智能，也使得智能能够随着学习的过程不断迭代、进化、成长，让具身智能更好地完成各类任务，为人类所用。

5. 机器人学

具身智能要通过学习来更好地完成各种任务，但区别于离身智能，具身智能的任务涉及操控自己的各个身体部件。也就是说，机器完成任务不仅靠"大脑"，还要靠整个控制中枢，控制自己的"肢体"，才能行动起来，完成任务。机器人学就是帮助具身智能获得良好的控制中枢的技术领域，有了它，具身智能才知道怎么协调"肢体"之间的关系，怎么规划自身的运动，怎么规划"肢体"完成任务的方式，等等。

6. 博弈与伦理

前面的技术领域已经能够支持具身智能在自然环境中落地实现了，但人类不仅生活在自然环境中，也生活在社会环境中。具身智能要想真正落地实施，需要获得人类的价值观。这似乎难以理解，为什么让具身智能获取价值观是一个技术领域呢？举一个例子，美国空军曾在模拟练习中让一架智能无人机完成摧毁敌方防空导弹的任务。因为核心的目标是摧毁导弹，但发起攻击时需要获得控制员的授权，无人机就把控制员当作任务的阻碍者发起了攻击。[1] 这种智能的判断行为，其实就是没有合理地设定人工智能的价值取向相关的函数，没有思考机器人行为与环境中人类互动的博弈行为，也没有设定符合伦理规范的安全限制。博弈与伦理领域的技术研究赋予具身智能价值观，让具身智能可以安全、放

---

[1]　参考自 https://baijiahao.baidu.com/s?id=1767847697498854334。

心地走向现实。

上述六大技术领域彼此协同，共同推动了具身智能从理论走向现实。目前，具身智能在具身感知、具身认知、具身行动等方面都有了诸多的杰出成果，在本章的后续小节中将展开介绍。而在后续的章节中，我们将把重心放在与具身智能相互关联的科技话题、应用领域及应用时的相关哲思上。需要注意的是，鉴于具身智能的发展仍处于较为早期的阶段，没有那么多成熟的落地应用，同时人工智能的各种技术细分领域都对具身智能具有促进作用，我们在介绍相关案例时将适当延展具身智能的边界，将一些融入人工智能技术且具备硬件实体的设备一并纳入具身智能的范畴，并对其未来进一步的发展进行一定的探讨与展望。

第二节　具身感知：人工智能
如何感受现实世界

具身智能感知现实世界的方式主要模拟了人类的感知系统，主要是通过传感器、多模态感知和交互感知能力来达到的。本节将围绕这三个领域进行重点介绍。

一、传感器及相关感知技术

从诞生之日起，人类感受世界的主要方式就是我们的五感，也就是视觉、听觉、触觉、嗅觉和味觉，接下来我们将讨论一下，如何运用传感器及相关技术来模拟这些感觉。

1. 视觉感知

对于人类来说，"看"无疑是了解世界的重要方式，许多信息都来自视觉——眼睛。眼睛实现视觉的方式大体可以分为三步：成像、传输图像和处理图像。在成像环节，眼睛会将图像的信息以光的形式投影到视网膜上，在之后的传输环节，神经系统把视网膜上的信息传输到大脑，而到了最后的处理图像环节，大脑会对图像进行分析和识别。[①] 类似地，一个视觉传感器的构成与工作原理也可以拆解成这三个部分，先借助光学系统对图像进行成像采集，然后由图像传感器将光信号转化为电信号后传输给计算模块，最后由计算模块和其他模块对图像数据进行处理。

简单理解，相机其实就可以看作一个视觉传感器，但单

---

① 参考自 https://www.bilibili.com/video/BV1xe411k7h7/。

个相机简单捕捉到的图像并不能满足一些高精度要求的工作场景，因为它捕捉到的图像只是现实世界的一个平面投影，失去了物体与物体之间立体的位置关系。为此，视觉传感器通常会采用一些特殊方法来更好地感知现实世界的物理关系。例如就像人类有两只眼睛一样，计算机也可以借助两个不同的相机来感知同样的图像，不同相机捕获到的图像信息会产生视觉差异，借助这种视觉差异，计算机就可以计算出图像中的距离和深度信息，还原出原本的三维关系。

不过，这种模仿人类视觉的光学视觉感知方案也存在一定的缺陷，在黑夜或者下雨天，相机或许就像人眼一样不能很好地工作了。在这种情况下，具身智能可以模仿蝙蝠这种黑夜中可以自由飞行的动物，借助各种形式的波来实现视觉的构建，例如激光雷达、毫米波雷达、超声波雷达等。对于自动驾驶这样复杂并且对环境适应力要求较高的具身智能场景来说，通常会采用多种视觉感知方案，来实现更加全面灵活的视觉感知。

2. 听觉感知

具身智能的听觉感知通常是借助听觉传感器来实现的，像麦克风就是最常见的听觉传感器。然而，要想模拟人类的听觉，最复杂的部分其实并不是借助听觉传感器来捕捉现实中的声音信号，而是去理解人类语音中的含义来执行相关任务，这时就需要用到语音识别（Automatic Speech Recognition，ASR）技术。

语音识别技术，就是将各种各样的语音识别为代表其含义的文字，如微信等聊天软件中的语音聊天记录转文字的功能，就是典型的语音识别技术的应用。语音识别的原理可以简单分为三步：拆分整段的音频为小的分段、将声音信号转化为数字信号、用算法和模型找到最可能适应该语言的词汇。[①] 在应用完语音识别技术后，具身智能通常需要搭配自然语言处理（Natural Language Processing，NLP）技术，来对识别到的文字进行语义的理解和分析。像 Siri、小度这样的语音助手就相当于一个完整的听觉系统，能根据人类的指令理解语义后执行各种类型的任务。

3. 触觉感知

具身智能的触觉感知同样也是借助触觉传感器来完成的。常见的触觉传感器包括接触传感器、压觉传感器、

---

① 参考自 https://www.youtube.com/watch?v=6altVgTOf9s。

力／力矩传感器、滑觉传感器等，广泛应用于手机的触摸屏、机器人的机械臂等。触觉模拟的原理较为简单，类似人手上拥有的上万个感受器，可以识别不同类型的触觉刺激，最终形成对应类型的触觉感受。而触觉传感器上也有着一个个会对各种类型的"触觉"做出反应的阵列，在感受到外界刺激后会形成不同形式的电信号，最终被计算机所处理。然而，相较于其他人类感官，触觉如果想要模拟得很好，其实要难上许多，核心的难点在于如何敏锐地识别细微外力输入的改变，并做出准确的反馈。举一个例子，人类的手臂可以轻松地拿起榴梿和草莓，而如果让普通的机器手臂执行操作，可能就要难上许多，非常容易让榴梿滚落或者把草莓捏碎。这是因为人类能够通过触觉精准地掌握物体的质地、硬度和重量信息，并跟自己接下来要做的行动相互联系，而机器要达到这样的精度是十分困难的。

4. 嗅觉和味觉感知

相较于前面介绍的另外三种感知，嗅觉和味觉感知的必要程度就小了很多，通常只在一些特殊的具身智能场景内有所需要。例如，消防检测机器人、救援机器人、食品检查机器人需要具备嗅觉传感器，海洋资源勘探机器人、食品分析机器人、烹调机器人可能需要味觉传感器。

嗅觉传感器对于气味的辨别通常需要放上一些能够吸附各类气体的材料，在监测到这些材料电阻或者振动的变化后根据这些信息综合分析出具体的气味类型。[①] 而对于味觉传感器，目前通常运用化学传感的原理，通过各种手段辨别物体中的化学成分，以此来分析得出实际的味觉感知。

二、多模态感知

经过前面的介绍我们可以发现，无论是哪种形式的感知，要想模拟得很好都十分困难，而这时就可以借助多模态感知的手段。所谓的多模态感知，就是利用不同图像、文本、声音等多种不同形式的数据进行综合感知，就像人类在进行任何一项任务时，其实各种感官彼此协同。举个例子，假如你在打篮球，眼睛里对于篮球的观察、手上触碰到的篮球的手感、听觉上捕捉到的篮球触地的声音，其实都对你的行动有所帮助。而对于机器来说，其实也是一样的，不同感官捕捉到的不同模态的信息可以加以融合，彼此协同。下面

---

① 参考自 http://www.jxzlw.cn/jixieshuji/jiqiren/9820.html。

我们来列举一些不同的具身智能场景下的多模态感知。

1. 机器人场景下的多模态感知

在介绍触觉感知的部分，我们其实提到了触觉感知的灵敏度局限问题，而借助视觉信息，形成视触觉传感器，可以在一些场景下有效提升对于物体信息的理解，以及辨识的灵敏度。例如，可以拍摄带有触觉传感器机械臂的各种操作，构建视觉 - 触觉对应的视触觉数据集，帮助具身智能机器人的训练；也可以在触觉传感器后安装视觉传感器，通过捕捉接触位置的细微形变来更精确地捕捉外界刺激，进而提升辨识的灵敏度。

除了视觉信息可以辅助触觉信息外，触觉信息同样可以完成对于视觉信息的辅助。例如在布料质量的检测上，单一的视觉方案可能会丢失很多布料深度上的细节，而结合触觉感知，则可以更清晰地挖掘布料的结构信息和纹理信息，进而发现一些单一视觉信息发现不了的质量缺陷。①

除了特定任务上的感知外，从整体的使用上，多模态感知也能提升机器人的交互性。例如索尼的 Aibo 狗形机器人能

① 参考自 https://www.bilibili.com/video/BV1tg4y1q7rm/。

够通过视觉和听觉信息来识别主人的相关信息，并通过触摸传感器来感知被抚摸，将三者结合在一起使得它在与人互动时表现出更自然的行为。以训练 Aibo 狗睡觉为例，你可以抱起 Aibo 狗，将 Aibo 狗放在基站上，和它道一声晚安，Aibo 狗综合基站的视觉信息、"晚安"的听觉信息、抱起来放下的触觉信息后，便会甜甜地进入梦乡。而下次再喊一声"该睡觉啦"时，Aibo 狗自己就会跑到基站上，眼神变得充满困倦。这时，你只需要轻轻抚摩它，它就会甜甜地进入梦乡。[①] 这样的互动是不是真的像养了一只小狗？这就是多模态感知在机器人身上应用的魅力。

2. 自动驾驶场景下的多模态感知

在自动驾驶的场景下，汽车通常需要借助光学视觉传感器来捕捉周遭环境的信息。然而，汽车驾驶的环境不一定是光线充沛的，除了黑夜外，遇上镜头被污渍遮挡、泥泞道路卷起沙尘阻碍视线，这些都是常有的事。为了充分应对各种各样的驾驶场景，就像前面提到的多种视觉感知方案的采用，自动驾驶汽车可能需要综合相机摄像头捕捉到的信息和

---

① 参考自 https://www.youtube.com/watch?v=J4AvPo5P_Fg。

各种类型的雷达捕获到的信息，完整地获得近距离环境的信息。而除了近距离的信息来保证行驶安全外，同样需要大范围的信息来确保行驶路线的准确，这时还需要综合 GPS 的定位信息，以此实现对现实世界的全面感知。目前，谷歌的 Waymo 就使用了这种多模态集成，以实现在各种环境条件下的安全驾驶。

3. 智能家居场景下的多模态感知

智能家居的本质其实就是在原有家居设备的基础上，结合多模态感知构建的智能环境。不过，智能家居的多模态感知可能并未聚焦于提升某一维度感知的性能，而是通过融合利用数据，提升人机交互的便捷度和体验感。通过综合观察、听取和感知环境的数据，智能家居的中控系统可以更好地理解居住者的需求，并且可以调整灯光、温度或播放音乐。

例如谷歌助手就可以与数百种智能设备兼容，涵盖了温控器、灯光、相机、安全锁、影音设备以及家电等多个领域，在一些场景下可以将这些设备串联起来，通过多模态的感知，为用户提供全方位的智能生活体验。

三、交互感知

在很多场景下，单靠五感是很难得到准确信息的，你需要与物体或者环境进行一系列交互，让五感上感知到的信息发生变化，通过这些随着交互变化的信息来实现更全面的感知，这就是"交互感知"。想象你正在尝试辨识一个果实是否成熟，单从外观上看，它可能看起来已经非常诱人了，但外观并不能提供果实是否已达到理想风味的足够信息。这时你可以通过更多的交互来获得更加丰富的五感信息，例如轻轻挤压果实，可以通过触感的变化判断果实的软硬度和成熟度；凑近鼻子闻它，可以探测其香气的强度与品质；甚至尝一小口，可以增加味觉对其甜度和新鲜度的感知。这些穿插的交互行为增强了你的直接感知，并帮助你做出更确切的判断。

在具身智能领域也是一样的。我们来想象一个机器人，它被赋予了完成特定任务的能力，比如在混乱的环境中识别并搬运物品。初始状态下，机器人可能通过视觉传感器获取物品的图像，但仅凭静态图像，它很难判断物品的重量、材质或者是否容易移动。若机器人能够与这些物体进行物理交互，比如用机械臂轻推或者抬起物体（交互），它就能够通过触觉传感器获取物体的硬度、质地、重量等属性。听觉传感器可能在物体接触时捕捉到产生的声音，进一步揭示物品是空的还是满的。

这种通过交互而演变的感知提供了更为丰富和深入的信息，使智能体能够更好地理解其所处的环境和交互对象，做出更精确的决策，以及更有效地执行任务。同时，交互感知使得感知能力不再是被动接收，而是能够通过主动探索和实验来增强和优化，它让智能体的感知过程变得更接近人类的探索行为，通过动态互动提升对所处世界的理解。

第三节　具身认知：人工智能如何理解现实世界

具身认知这一概念起源于哲学，并在后来逐渐成为认知心理学的前沿方向，它代表着一种对于身心二元论的否定，认为身体与其所处的环境共同构成了认知活动产生的基础，这一思想与具身智能的训练不谋而合。在本小节中，我们将为读者揭秘，AI 是如何被训练进而产生具身认知的。

一、常识与世界模型

前面介绍过，训练人工智能的过程其实就是不断投喂数据让机器进行学习优化的过程，然而，在具身智能场景下，有一个难以跨越的难关——常识问题。

什么叫作常识呢？就是每个人，甚至动物都知道的、不言自明的有关这个世界的认知。人们不但高频使用这些常识，而且可以很容易地基于这些常识的组合进行举一反三，在各种场景下随机应变，灵活地完成各种任务。以图像分类为例，假设需要对一张奔跑在草地上的小猫图片进行分类，人类可以很轻易地识别出图像中动物的类别，这是因为人类具备图像分类时的一些常识信息，比如重点关注图像主体（看小猫而不是看其背后的背景），寻找具有因果关系的特征（因为有尾巴并且耳朵尖尖的，所以是小猫），物体与物体间的关系（比如猫尾巴是小猫的一部分）等。[①] 这种常识信息让人们只需要见过几次小猫就能准确地识别小猫，而机器在观察了大量小猫的图片后效果还是不尽如人意。

为了让具身智能达到成熟而通用的地步，我们需要为机

① 参考自 https://mp.weixin.qq.com/s/8S1jGx3WvRPouDSAmJDXHQ。

器补充这些常识信息，而这些常识是有关这个世界的层级化抽象，它不仅包含小猫、小狗等物体信息和草地、天空等环境信息，而且层级式地抽象出了有关世界的特征，并将这些不同层级的特征加以联系。有了这样的世界模型后，具身智能的思维会更接近于人类，并且不再需要大量的数据来进行学习和推理，而是可以通过少量的数据或经验来快速地适应新的环境或任务。

但想要让机器一下子构建出一个世界模型无疑是不现实的，这既离不开关乎世界各个抽象层次的具身数据集，也需要算法模型和学习方法上的长期迭代。当前，各种具身数据的采集方法各有优劣，优秀的数据基建的建设还有一定的过程，而不同的学习算法和模型也处于百家争鸣的阶段，与理想具身认知的构建还有不小的距离。后面我们将围绕现今具身数据的获取方法和具身认知的学习方法展开介绍。

二、具身数据的获取

为了获得体现世界各个层次信息的数据，通常需要将人工智能放置在包含这些信息的环境中，在各种形式的交互中获得具身数据集，这种数据最常见的形式有三种：人力遥操作数据、模拟器数据、视频数据。

人力遥操作数据，其实就是用人去远程操控设备，并记录下人类的全部行为和选择，为具身智能提供可供学习的动作及其与环境交互得到的反馈数据。这一过程不仅会记录下所有动作的结果，更重要的是会记录下达到这些结果的过程和决策。例如斯坦福大学团队的 Mobile ALOHA 机器人采用的数据就主要来自这种方式，在人类操作机器人完成一定次数的炒菜、逗猫、扔垃圾、洗衣服等动作后，后续机器人就可以自主完成这些日常家务。

获取这些细微而精准的人类动作对于具备身体的人工智能来说十分重要，无论是手腕的扭转角度、手指的力度分布，还是决策时的犹豫和修正，这些数据其实都在向人工智能揭示人类在执行任务时的直觉和技能。这种方法所提供的数据质量无疑是极高的，因为它完全来源于真实世界中复杂、瞬息万变的情境。这个过程中所采集的数据直接反映了物理世界的真实性，并且能够以细节上的准确度和情境上的丰富度来支持具身智能体的学习。

然而，这种高质量的数据背后是相对更高的采集成本。除了先进的传感器和精密的机械设备的开销，为了捕捉人类专家的技能和直觉，还需确保操作者本身具备相应的专业技术和经验，这也意味着需要投入时间进行培训以获得有用的数据。以谷歌的 RT-1 数据为例，研究团队就整整历时 17 个月采集完整个数据集的数据。除了采集成本外，一些涉及复杂力反馈的操作只依靠人力遥操作是很难实现的，例如用单手玩花式切牌，这种完全依靠人力遥操作进行数据采集的动作是非常困难的。

而相较于人力遥操作，模拟器的数据采集成本更低，并且也能采集到一些人力遥操作情况下难以采集到的数据。模拟器通过计算机生成的三维虚拟环境来模仿真实世界，可以大量、低成本地产生具身数据。例如无人驾驶汽车开发者可以使用模拟器生成各种道路和交通条件下的驾驶场景，无须真正在道路上测试汽车，从而安全且经济地收集数据。

模拟器数据的优势十分明显。它不仅使数据可重复且可控，还可以让开发者随意设计测试场景，重复特定的任务或者模拟极端情况，这在现实环境中往往是困难或者昂贵的。并且，它为数据的多样化提供了无限且具有连续性的空间，通过编辑软件可以快速生成各种场景和条件，以此训练 AI 应对不同情况。

然而，模拟器的局限性也同样明显。构建丰富且准确的 3D 内容需要大量的工作。构建一个详尽且逼真的三维环境就像构建一个大型的游戏世界，必须包含无数内容和细节，以便模拟真实世界的复杂性。对于那些追求高度真实感的场景，比如复杂的自然环境或是熙熙攘攘的城市，这项工作便变得尤为艰巨。除非模拟环境足够丰富，否则在其中训练出来的人工智能可能会缺乏在真实世界操作所需的灵活性和适应性。此外，运行高度详尽的模拟器还需要强大的算力。虚拟环境越接近现实，所需处理的数据量就越大，在一些要求十分逼真的应用场景中，算力成本也不容小觑。

相较于需要耗时采集的人力遥操作数据和耗精力构建环境的模拟器数据，在互联网视频平台蓬勃发展的今天，视频数据的采集就显然便利很多。在许多视频尤其是第一人称视角的视频中，具身智能其实可以通过观察来提取完成任务所必需的认知。尤其是在 2024 年初，OpenAI 推出的视频生成模型 Sora 更是增强了这种数据路线的信心。Sora 基于用户输入的文字，可以模拟出现实世界的人物、动物的动态运动，并且可以让其在一定程度上符合真实的物理关系、逻辑关系、因果关系等。例如在 Sora 的演示视频中，生成的猫咪试图唤醒主人，猫咪行动时在床上带起的褶皱，太阳光照射下光影效果的变换，猫爪触碰人脸时主人的反应全都惟妙惟肖、栩栩如生。当然，目前 Sora 在复杂场景的复刻上还存在局限性，远远称不上完美的世界模型，但也为具身数据的获取提供了更多的可能性。

三、具身学习的方法

有了具身数据，如何对这些数据加以有效地学习利用，进而形成具身认知就显得十分重要了，模仿学习和强化学习是两种主要的方法。

模仿学习是一种使具身智能体通过观察和模仿专家的行为来学习特定任务的方法。在具身智能领域，这通常意味着智能体观察由人类或其他高级智能体执行的任务，并试图复制它们的行为，这种学习方式常常应用于人力遥操作数据或视频数据。例如，具身智能体可以通过分析人类清洁桌面的行为序列，来学习如何执行相同的任务。模仿学习的关键挑战之一是如何从智能体的角度去理解和复制这些观测到的行为，同时克服模仿者和被模仿者之间可能存在的感知和行动差异。

强化学习则是通过试错来学习一组策略，达成具身智能体要完成的任务目标，这一学习过程一般通过具身智能体与环境的交互来实现。这种学习方式一般多结合模拟器去使用，因为这样可以更经济、更安全地获取数据，而不用担心真实世界试错时给设备带来的损伤。每当智能体采取行动，环境就会提供一个反馈信号，称为"奖励"，指引智能体朝更好的行动策略调整。强化学习算法需要大量的试错周期来理解如何在给定环境中最大化其奖励。

为了方便读者理解，我们来假设一个场景：在模拟器中训练一个机器人在一间屋子里找到植物并为它浇水。在这个场景里，机器人被放置在模拟房间的一个角落，为它设置找到房间另一角的干旱盆栽的目标。我们可以为机器人设计这样一个奖励系统：当接近植物时，奖励增加；远离植物时，奖励减少。此外，如果机器人成功浇水，给机器人一个很大的正奖励；如果它打翻了花盆或者尝试离开房间，将得到惩罚，也就是一个负奖励。

现在，让我们添加一点有趣的转折：房间的布局可以变化，也许有时会有一个摆在机器人和植物之间的椅子。机器人需要学习如何绕过障碍物，或者甚至学会如何推开障碍物以直接到达植物。在学习的过程中，每当机器人采取正确的绕过策略，适当的奖励会告诉它是在正确的道路上。如果机器人撞到了椅子，这就是一个负面的反馈，鼓励它下次尝试一个不同的方法。

通过这种方式，机器人逐渐学会了在各种不同的房间布局下找到最有效的路线，甚至可能发现一些人类也未必能想到的捷径或策略。这个学习过程就像一个调皮的孩子通过不断试错逐渐学会走路，每一次摔倒后都会更快地站起来，最终熟练地奔跑，也就掌握了相关的认知。

无论是模仿学习还是强化学习，人工智能学习的过程其实可以看作沉淀具身认知的过程，这一过程将为具身行动做出铺垫，使得人工智能能够更好地完成现实中的各种任务。

第四节　具身行动：人工智能如何影响现实世界

马克思主义哲学有一个重要的观点是："认识的任务不仅在于解释世界，更重要的是在于改造世界。"人类如此，具身智能体也是如此，比起理解世界的具身认知能力，影响世界的具身行动能力更是重点。在本小节中，我们就将围绕具身行动展开介绍，揭示具身智能体是如何影响世界的。

一、具身行动的子能力拆解

具身智能体在采取各种各样的行动时，有一系列细分的子能力至关重要。这些子能力确立了机器人与环境之间互动的基础，并使它们能够完成多样复杂的行为。下面将详细介绍每个子能力，并举例说明它们在具身智能体执行工作时可能出现的具体场景。通常一个具身行动可以被拆解为测量、定位、导航、理解、实施、回答这六项子能力。[①]

1. 测量能力

典型的视觉测量任务被称为"视觉里程计"（Visual Odometry），这类子任务要求具身智能体根据视觉信息定量测量特定自由度下姿态、速度等物理量，以辅助其完成相对移动。例如，博物馆的导游机器人就可能依赖这项技术来带领游客游览宽阔的展厅，精确地从一个展品移动到另一个展品。视觉里程计可以向具身智能体不断地提供相对起点位置的更新信息，帮助其保持在正确的路径上。

2. 定位能力

给定一个环境的地图和对环境的观察信息，进而确定机器人的具体位置，这种行动类型被称为"全局定位"（Global

---

① 参考自 https://blog.csdn.net/qq_39388410/article/details/128264098。

Localization）。全局定位的环境可大可小，小型环境比如物流仓库中，自动化物流机器人需要准确定位自身位置以正确配送货物；大型环境如自然灾害救援现场，搜救机器人在废墟中依托此能力确定自身位置，执行救援任务。

3. 导航能力

现实世界的很多地方对于人工智能来说是完全陌生的，就像我们去外地旅游需要借助导航系统一样，具身智能体在现实世界中移动也需要进行导航。最主要的导航方式是视觉导航（Visual Navigation），这种行动能力可以帮助具身智能体在不熟悉或复杂的环境中移动。例如在紧急的自然灾害现场，搜救机器人可能不熟悉废墟中的地形，在光线充裕的情况下，就可以使用视觉导航系统在废墟中找到营救幸存者的最佳移动路线。

4. 理解能力

情境语言学习（Grounded Language Learning）能力是让具身智能理解并响应人类语言交流的关键，它的核心思想是人工智能系统不应仅仅通过文本语料进行学习，还应该像婴儿学习语言一样，学习认识这个世界的运行方式以及如何用语言描述世界。具备了这一点，具身智能体才能将语言、行动和现实世界联系在一起，更好地去执行人类分配的各种任务。假设你告诉家庭服务机器人："我过敏后鼻子里很痒，请给我点儿缓解的东西。"如果不具备这种情境语言学习的能力，机器人或许会直接送来止痒药膏。但如果机器人理解了"鼻子里痒，所以擦药膏不方便"和"过敏导致痒的主要缓解方式是治疗过敏"等情境信息后，可能就会提供喷鼻器、过敏口服药之类的物品作为"缓解的东西"。

5. 实施能力

对于具身智能体来说，单是理解清楚人类的指令显然是不够的，还需要能够正确地依据指令去执行相关的任务。例如指令引导的导航（Instruction Guided Navigation）就体现了这种实施能力，它使机器人能够接收更加复杂的指令并执行相关的任务。例如在医院，一台机器人可能需要根据医生的口述指令"带我到205室去"，在各个房间和走廊之间导航，通过识别门上的编号来找到正确的房间，完成这个任务。

6. 回答能力

有时候，具身智能的指令当中可能包含某些问题，而这些问题的回答有时候需要机器人采取一些行动，搜集信息，并完成语义理解和推理的过程。例如在博物馆内，一位游客向导游机器人提出需求："帮我看看我的紫色水瓶落在哪个展馆的凳子上了。"为了回答这个问题，导游机器人就需要在理解清楚游客需求后，跑遍所有的展馆，看一看是否有符合要求的水瓶，并最后回答游客的问题。

二、在虚拟和真实世界中评估具身行动能力

在实际应用中，具身行动能力的评估非常重要，因为这直接关系到机器人是否能够在实际应用场景的复杂环境中按照预期高效地完成任务。而具身行动能力的评估，既可以在虚拟世界中进行，也可以在真实世界中进行。

1. 在虚拟世界中评估具身行动能力

在虚拟世界中评估具身行动能力主要是通过模拟器来进行的。就像电脑游戏中的角色需要完成特定任务一样，具身智能体也会被放置在一个模拟环境中，被赋予类似的挑战，来测试它们在不同场景下的行动能力。

斯坦福视觉和学习实验室及其合作者开发的 BEHAVIOR

就是这样一套模拟基准测试，它可以用于评估具身智能在家务活动中的应用能力。目前，最新的 BEHAVIOR-1K 包含了来自大规模人类偏好调查的 1000 项活动，同时这些活动可以在 50 个全互动场景中进行模拟，这些家务活动可能包括洗衣服、收拾玩具、摆桌子或擦地板等，具身智能需要计划和执行导航及操作策略，来完成这些活动。这些活动会涉及多个对象、房间和状态变化，并且活动中的对象可以模拟流体、热效应等，为真实的物理模拟提供了可再现性、安全性和可观察性。为了充分检验具身行动的能力，每项活动都被设计得现实、多样且复杂，并且可以与人类的动作演示进行效率对比。[①]

2. 在现实世界中评估具身行动能力

当我们将具身行动能力的评估从虚拟世界转移到现实环境时，所面临的挑战显得更为丰富和复杂。现实世界的动态性为具身智能体带来了无可比拟的考验。在没有模拟器的约束条件下，智能体需直接接触到多变的物理世界，如同演员从排练到走上真实的舞台，需要即兴反映观众的反馈和现场

① 参考自 https://behavior.stanford.edu/。

的氛围。

在 *Science Robotics* 期刊的一篇论文中就展示了这种评估方式，该论文将腿式机器人作为研究对象，希望让腿式机器人在具有挑战性的现实世界地形上灵活地运动，为此提出了一种稳健且通用的解决方案，来整合腿部运动的外部感受和本体感受。为了评估这种方案的可靠性，作者在高山、森林、地下和城市环境，测试了陡坡、光滑表面、草地、雪、楼梯等复杂的地形，甚至让腿式机器人完成阿尔卑斯山的徒步旅行，评估他的登顶时间和完成整体旅程的时间。[①]

3. 打通虚拟和现实世界之间的行动评估

除了在虚拟世界中评估、现实世界中评估，有些具身行动的评估方式打通了虚拟和现实的壁垒。一个突出的例子是由 OpenAI 开发的系统 Dactyl，这一系统展示了如何从虚拟环境中学到知识，并成功将这些知识应用于解决现实世界中的物理任务。[②]

Dactyl 的训练不依赖于特定的物体或者被改造的环境，

---

① 参考自 Miki, T., Lee, J., Hwangbo, J., Wellhausen, L., Koltun, V., & Hutter, M. (2022). Learning robust perceptive locomotion for quadrupedal robots in the wild. Science Robotics, 7(62), eabk2822.

② 参考自 https://openai.com/research/learning-dexterity#results。

而是使用了通用目标追踪技术和 RGB 摄像机图像。这意味着，它在模拟世界中学习把握、翻转、捏合等操作时所用的对象，与现实世界中的对象之间不存在本质的区别，这也让虚拟世界中经过系统评估的行动在现实世界中也能通过评估。通过高度灵活的卷积神经网络，Dactyl 能够理解各种物体的位置和方向，并将这个认知转化为精细的移动。结合视觉网络和控制网络，Dactyl 不仅能"看见"物体，还能以高度灵活性进行操作。更有趣的是，Dactyl 即便不经过特定手动技巧的预训练，也能利用先进的算法自主地探索和发现如何使用一系列动作来解决问题。它拥有一定的自主学习能力，能自行开发出与人类相似的手部灵巧操作策略，如尖端捏合、手掌捏合和指尖旋转等。而当这些通过模拟学习到的技能被带到现实世界，Dactyl 展现出的适应性和操作灵巧性验证了虚实结合评估方法的有效性。

Dactyl 案例不仅体现了高度通用和适应性强的具身智能系统的可能性，也为我们提供了一条路径，指导我们如何克服模拟与现实之间的界限，发展能够直接从虚拟世界中学习并无缝迁移到现实世界的智能体。这样的评估方式不仅提高了智能系统的实用性，也推动了我们进一步思考如何在各种复杂环境中设计、训练并部署具身智能。

第二章

具身智能机器人

你根本无法区分机器人和最优秀的人类。

——艾萨克·阿西莫夫（Isaac Asimov）

在 1999 年上映的电影《机器管家》中，描述了这样的场景：机器人安德鲁作为管家和主人一家人一同生活，安德鲁不但拥有一般机器人具备的所有功能，还能在主人的教导下学习各项知识技能，并尽可能利用学习到的内容为主人提供服务。最终，安德鲁不仅掌握了学习和创造能力，甚至拥有了情感方面的感知力，和女主人演绎了感人至深的爱情故事……

上述场景无疑是令人神往的，但目前离实现还有着不小的距离。但随着具身智能产业的发展与进步，相信在不久的将来，我们就可以见证更加智能、情感更丰富的机器人问世，成为我们的帮手和伙伴，为我们提供更多的便利。在本章中，我们就将对具身智能产业发展的全貌展开介绍。

第一节　人形机器人：典型的具身智能形态

一、机器人与具身智能机器人

"机器人"一词源于 1920 年捷克作家卡雷尔·卡佩克（Karel Capek）发表的科幻戏剧《罗苏姆的万能机器人》。这一剧本的核心思想，其实是对机械化及其使人失去人性方式的批判。作者本人曾在剧本首映后感慨："人脑的产物已经逃脱了人类之手的控制，这是科学的喜剧。"[①] 但百余年之后的今天，机器人并未如戏剧中所描述的"脱离人的控制"，反而成为人类社会生产生活中不可或缺的一部分。

当然，目前对于机器人的定义已经大大泛化了。根据我国国标《机器人分类》（GB/T 39405–2020）[②]，机器人是指具

[①] 参考自 https://baijiahao.baidu.com/s?id=1641710299788009241&wfr=spider&for=pc。

[②] 2021 年 6 月 1 日实施的一项中华人民共和国国家标准，归属于中华人民共和国国家机器人标准化总体组。

有两个或两个以上可编程的轴，以及一定程度的自主能力，可在其环境内运动以执行预定任务的执行机构。简单来讲，一个机器如果要被定义为机器人，它至少需要具备两个关节，并且能够根据周围场景自行做出一些决定来执行特定任务，而不需要每一步都由人操控。

根据主要应用的任务场景，可以对机器人做出一些划分，例如可以把机器人划分为工业机器人、家庭服务机器人、公共服务机器人、特种机器人、其他应用场景机器人等。

- 工业机器人：自动控制的、可重复编程的、多用途的操作机器人，具有帮助人类在工业环境中进行加工生产、运输等不同用途。

- 家庭服务机器人：在家居环境或类似环境下使用的，以满足使用者生活需求为目的的服务机器人。

- 公共服务机器人：在住宿、餐饮、金融、清洁、物流、教育、文化和娱乐等领域的公共场合为人类提供一般服务的商用机器人。

- 特种机器人：应用于专业领域，一般由经过专门培训的人员操作或使用的，辅助和／或替代人执行任务的机器人。

- 其他应用场景机器人：除以上应用领域之外的机器人。

除了应用场景之外，还可以依照机器人的技术特性对机器人进行划分，它反映了机器人技术的代际演进。最早的机器人通常是程序控制机器人，一般只能简单机械地执行预定程序，环境发生变化后，一般很难适应；第二代为自适应的机器人，在视觉、力学等多个传感器的帮助下，对环境拥有了一定的感知能力，能够根据环境变化在一定程度上调整工作状态；而第三代为智能机器人，除了运动和自适应调整功能，还拥有感知交互和思维能力，多功能、多模态、多服务体验的智能机器人也成为最新发展趋势。

在上述代际划分基础上，还可以依照智能化程度，将其细化为 0 级到 5 级的六个级别，如表 2-1 所示。

表 2-1　机器人智能化程度分级

智能化程度	含义
0 级	机器人只能依靠人类指令实现结构驱动，没有任何的智能化设计
1 级	具备一定的自主学习能力，可以接受预编程的程序控制，可以识别简单的环境和任务
2 级	在算法的驱动下规划运动轨迹和路径，完成特定动作
3 级	具备感知能力，利用传感器获取环境信息，能够自主识别、理解和反馈预设动作

续表

智能化程度	含义
4级	具备一定认知，能够通过观察、测量、预设等方式自主推理，完成任务，不需要人的频繁干预
5级	完全具备人类的思维和创造力，能够自主判断、做出决策并执行复杂的任务

资料来源：优必选机器人官网，招商证券。

从中国的整个机器人产业发展来看，目前机器人的智能程度正在从3级向4级进行过渡，但究竟什么样的智能化程度的机器人才能真正称为"具身智能机器人"，目前还没有统一的标准定义。根据前面对于具身智能的介绍，在本章中，我们所说的具身智能机器人，通常属于具有主动性的第一人称智能，可与环境交互感知，能够听懂人类语言，能够自主规划、决策、行动，具有执行能力，最终完成响应任务。

除了能力属性外，考虑到机器人定义的广泛性，后文对于具身机器人的讨论也会从形态上进行收缩，仅考虑人形机器人的情况，它是当前具身智能机器人领域最受关注的对象。正如工信部《人形机器人创新发展指导意见》中提及的，人形机器人集成人工智能、高端制造、新材料等先进技术，有望成为继计算机、智能手机、新能源汽车后的颠覆性产品。其颠覆性就在于，因为人类社会的环境主要是为人类定制的，如键盘的形状、汽车驾驶室的尺寸大小、桌椅的高度等，对于人工智能来说，最理想的身体形式就是人形机器人，人形机器人能够适应人类社会的各种环境，也能帮助人类完成各种任务的执行。下面的介绍就将围绕人形机器人的领域展开，一同探索具身智能技术在机器人身上的体现。

二、人形机器人的发展历程

虽然"人形机器人"一词正式引入现代世界的时间不长，但我们可以从数千年前的一些历史故事中看到人类对于人形机器人的幻想和追求，我们一直期待制造出像人一样的工具，代替人类完成各种工作。正如古希腊科学家亚里士多德描述的那样："工具自我安排，自然而然地完成各自的任务，无须师徒，无须主奴。"

在《列子·汤问》中记载了这样一个故事，巧匠偃师献给周穆王一位艺伎，她并非凡人，而是一台能歌善舞的机器人，使用木材与皮革制造而成。这位机器艺伎的表演轻盈而灵动，不仅舞姿优雅，歌声也甜美动听，体现了中国古代人民对于人形机器人最初的想象。

无独有偶，在西方的文艺复兴时期，知名的意大利艺术家达·芬奇（Leonardo da Vinci），就凭借其对人体骨骼、结构、关节以及内脏器官的充足了解，在手稿中绘制了西方文明世界的第一款人形机器人，这款机器人下部的齿轮作为驱动装置，胳膊能够挥舞，可以坐或者站立。

到了18世纪，瑞士的钟表匠皮埃尔·雅克－德罗（Pierre Jaquet-Droz）就和他的儿子发明出几款靠齿轮系统运作的机械人偶，它们的外观就像精致的陶瓷娃娃一样，可以分别完成用花式字体书写指定语句、画出数种不同的图案以及演奏短小乐曲的任务。

近现代以来，随着工业革命的发展，人类工业生产能力不断提升，能够投入生产的工业机器人迅速发展，人形机器人的制造从概念原型向实际落地转化，逐渐趋向成熟，这一过程也可以划分为四个阶段。[①]

第一阶段的人形机器人主要为简单机械结构驱动。1967年，早稻田大学的加藤一郎团队启动了人形机器人项目。5年后，他们创造了世界上首款全尺寸人形智能机器人WABOT-1。WABOT-1搭载了机械手脚、人工视听系统，能够胜任搬运等任务，智慧水平堪比一岁半的幼儿。而到了

①　参考自 https://new.qq.com/rain/a/20221002A05GSI00。

1984 年，加藤团队又推出了 WABOT-2，一款专为音乐而生的机器人，能够识别乐谱、弹奏电子琴，成就了机械与艺术的奇妙融合。

而到了第二阶段，人形机器人就通常具备最初级的智力水平了，并且能够进行连续动态的行走，在设计机器人时需要更多考虑机器人的质心惯量以及质心的加速度等因素。这一阶段的代表是日本本田的人形机器人 ASIMO，ASIMO 可以进行奔跑、跳跃等多种运动，还能与多人对话，甚至展示手语。

进入第三阶段，技术进一步成熟，这时高动态的运动性能就显得尤为重要，在许多场景下，人形机器人需要凭借这一点去完成具有充分复杂度的任务。这一阶段，主要以波士顿动力的 Atlas 机器人为标志，Atlas 能够进行连续的跳跃、翻滚、倒立等令人惊叹的运动动作，曾在全球吸引了众多人的目光。

而目前正在蓬勃发展的第四阶段，也是人形机器人开始进入商业化落地的初级阶段，这一阶段代表性的机器人包括亚马逊的 Digit、优必选科技的 Walker、特斯拉的 Optimus。但这一个阶段的跃进通常需要经历一个漫长的过程，以特斯拉的 Optimus 为例，从首次计划发布到人形机器人的预测交付，时间跨度在 4 年以上（见表 2-2）。

表 2-2　特斯拉人形机器人产业化进展历程

时间	事件
2021 年 8 月 20 日	首次发布：马斯克在首届特斯拉人工智能日（AI Day）上首次发布特斯拉人形机器人（Tesla Bot）计划，代号"擎天柱"（Optimus）
2022 年 4 月	项目开发计划：马斯克在财报会议上指出，Optimus 的重要性将在未来几年逐渐显现，最终将比汽车业务、完全自动驾驶（FSD）更具价值
2022 年 9 月	马斯克在特斯拉 AI Day 上首次展示了人形机器人原型机，原型机在会场实现缓慢行走
2023 年 5 月	马斯克再度公布特斯拉 Optimus 进展，其已经能够自主行走、完成周围环境识别记忆、缓慢拿取和放置物体等
2024 年 1 月 24 日	马斯克在年度电话会议上透露了人形机器人 Optimus 的最新进展，表示将在 2025 年实现 Optimus 人形机器人的交付

资料来源：https://www.123.com.cn/kline/a799016.html。

三、人形机器人的技术拆解

人形具身智能机器人除了需要与人类的外形相似，其具体机能上也需要和人类相似，为此需要具备：感知系统（感官）、规划决策系统（大脑）、运动控制系统（小脑）、本体（肢干）四个部分的技术模块，以此来实现具身感知、具身认知与具身行动的基本能力。下面，我们将从这四大技术模块来对人形具身智能机器人进行技术拆解。

1. 感官：感知系统

在前面的章节中，我们介绍了具身感知能力的构成技术，对于将要生活在人类环境中的具身智能机器人来说，各个感官能力的重要性也与人类相似，通常是视觉第一，听觉第二，其他感官往往起到辅助作用。

视觉感知是机器人实现环境感知、运动控制，甚至人机交互功能的基础，人类的五大感官中视觉获取的信息占比超过55%，机器视觉能力对于感知层面至关重要。除在前文中介绍过的视觉传感器外，为了贴近人形机器人与人交互的具体场景，通常需要具备一些特殊能力，以下是部分常见的视觉能力。

- 人脸识别：包括人脸检测、人脸跟踪和人脸比对，目标是确认机器人周边的人的身份。

- 字符识别：包括文字信息的采集、信息分析与处理、信息分类判别。

- 环境识别：主要是利用深度学习等人工智能技术对环境图像进行处理、分析和理解，以识别环境中不同模式的目标和对象。

- 定位和测距：确定自己的宏观和微观位置，并判断周围
  物体的物理大小和距离。

除视觉外，听觉则是另一种重要的感知方式，其传感器件通常采用的是电容式、动圈式、铝带式等不同类型的麦克风。除了获取声音信号，通常还需要实现以下能力。

- 语音识别：通过识别和理解过程，把语音信号转变为相
  应的文本或命令。
- 声纹识别：通过声音判别声音发出者身份。
- 声源定位：使用收音设备阵列采集声源信号，采用多道
  声音信号处理方法，确定一个或多个声源的大致方位和
  距离。

而触觉传感器则是最重要的感官维度，它能够模仿人类皮肤的触觉功能。除了前文介绍的传统触觉传感器，应用在人形机器人上的最新技术还有电子皮肤。人类皮肤一般具有延展性、自愈能力、高机械韧性、触觉感知能力等特性，电子皮肤是模仿人类皮肤的特性以及附加功能的设备，本质上

是一种仿生柔性触觉传感器系统。电子皮肤模仿了人类皮肤的特征，可以附着在机器表面，通过传感单元检测外部环境，并且结合了触觉感知功能和柔性机械特性，在机器人与外界感知的过程中起到至关重要的作用。

2.大脑：规划决策系统

具身智能机器人的"大脑"主要负责人机交互的指责，能通过感知系统感知的信息，理解场景和任务，并对任务进行分解以及规划，负责高层次的决策。具体可以拆分出以下几种不同的子模块。

- 感知和理解：大脑负责处理来自传感器的输入数据，并解释这些数据以理解周围环境的状态和情况。它包括识别物体、理解语音、感知运动等。
- 学习和适应：大脑能够通过分析和处理来自环境的数据来学习新知识和技能。这可能涉及监督学习、无监督学习或强化学习等技术，以及模仿、演绎和推理等方法。
- 决策和行为：大脑根据对环境的理解和学习到的知识，做出适当的决策，并产生相应的行为反应。这可能涉及规划、推理、逻辑推断等高级认知能力。

这些能力可以追溯到许多研究领域，包括机器学习等人工智能领域，也可能包括认知科学和神经科学等领域。研究人员通过模拟人类大脑的功能和结构，可以设计出具有类似智能的系统，从而使机器能够更好地适应复杂的环境，并实现更高级别的智能行为。

3. 小脑：运动控制系统

具身智能机器人的"小脑"与人类的小脑功能相似，主要负责机器人的运动控制、协调和学习。它通过处理"感官"提供的信息，并结合"大脑"的指令，控制机器人的运动和动作，使其能够执行各种复杂的动作和任务。同时，"小脑"还具有学习能力，能够根据反馈信息不断改进机器人的运动技能和效率。常见的"小脑"技术路线可以分为模型预测控制、模仿学习和强化学习路线。①

模型预测控制，就是通过预测未来一段时间窗口内系统的行为来做出决策，通过预测未来会发生什么事情，机器人可以产生相应的动作来进行"预判"，在一定程度上增强了机器人的实用性。而模仿学习和强化学习的技术路径前文均

---

① 参考自 https://mp.weixin.qq.com/s/IqVLvNHJ3OMdaHpITK57Jw。

有提及，模仿学习一般通过采集特定任务 / 目标的轨迹数据集，并利用深度神经网络来观测及拟合从时间序列到动作的映射，来实现技能的学习；而强化学习则通过让智能体与环境直接交互，在交互的过程中反复迭代来提升技能。这三种方法各有优劣，在不同的具身机器人的研究中均有涉及。

4. 肢干：机器人本体

本体是具身智能机器人实际的执行者，是在物理或者虚拟世界进行感知和任务执行的机械结构。与传统的工业机器人不同，具身智能机器人需要执行更加复杂、灵活的任务，且体积空间相对有限，因此本体方面也有更高的要求。表 2-3 是人形机器人本体中的核心零部件列表。

表 2-3　人形机器人本体中的核心零部件

结构	部件名称	说明介绍
肢体活动关节执行器	谐波减速器	减速器作为连接动力源和执行机构的中间机构，通过降低转速和提升扭矩，精准调节机器转动角度。谐波减速器体积小、重量轻、结构简单紧凑，主要应用于机器人小臂、腕部和手部
	行星减速器	传动效率高，承载力强、抗冲击、振动性能好、运动平稳，主要应用于四足机器人和小型仿人机器人

结构	部件名称	说明介绍
肢体活动关节执行器	无框力矩电机	体积小、结构紧凑、质量轻、转动惯量小、启动电压低、空载电流小，应用范围非常广泛，既可以用于人形机器人关节，也可以用于手臂或腿部的线性运动部分
	行星滚柱丝杠	将回转运动、直线运动相互转换的传动元件，广泛应用于机器人、数控机床、制造设备、精密仪器等领域，在加工工艺、生产设备、原材料方面具备较高的壁垒
手部活动关节执行器	空心杯电机	灵巧手的关键部件，具有良好的节能效果、动力性能以及控制性能
	精密齿轮	精密机械传动器件
	编码器	将机械运动的速度、位置和角度距离或计数反馈给计算机，广泛应用于工业机械
肢体骨骼	手臂、胸腔、腿部、脚部	用于完成机器人四肢活动的主体结构

第二节　具身智能机器人的产业链

整个具身智能产业链的主要厂商可以分为三个类别：本体厂商、"大脑"厂商和核心零部件厂商。下面将对这三类厂商展开详细介绍。

一、具身智能机器人的本体厂商

　　具身智能机器人的本体厂商大多负责机器人整机的系统集成、制造和销售，由于"小脑"与肢体高度相关，因此通常也会自研"小脑"。行业内知名的机器人本体厂商包括波士顿动力、特斯拉、优必选、小米等。

1. 波士顿动力

　　波士顿动力成立于 1992 年，致力研发高机动性、强灵活性的机器人。波士顿动力的代表产品是液压驱动机器人 Atlas。每隔一段时间，波士顿动力就会在互联网上发出 Atlas 最新的进展视频，时常引发科技界关注。Atlas 机器人经过多次迭代，从最初的蹒跚学步，已经进化到最新一代可以自由避障的人形机器人，核心关节均采用液压驱动方式，能够连续跳跃、翻滚和倒立。2020 年底，波士顿动力公司发布了一条 Atlas 跳舞的视频，两个 Atlas 机器人随着音乐起舞，动作灵活性已经接近人类，以至于让不少网友认为是电影特效。Atlas 机器人在本体，尤其是"小脑"运动控制系统方面展现了强大的实力，但在"大脑"规划决策系统方面还有待进一步提升，同时由于成本问题，仍具有商业化落地难的问题，多用于机构科研。

2. 特斯拉

特斯拉在 2022 AI Day 发布了人形机器人 Optimus（中文名为"擎天柱"），在总体设计、大脑算力、结构设计、机器视觉、运动规划等方面详细演示。特斯拉用 6 个月时间就快速搭建了擎天柱软硬件平台体系，完成了原型机发布，且原型机能够完成转身、挥手等一些基本动作。在算法方面，Optimus 采用 FSD 算法，即特斯拉全自动驾驶（Full Self-Driving）系统所采用的算法，并配备汽车同款摄像头作为传感器，对周围环境进行感知，识别物体、人和障碍物等。凭借特斯拉在智能汽车领域的技术积累，Optimus 有望在未来几年内加速迭代进化，完成商业化落地。

3. 优必选

优必选成立于 2012 年 3 月，专注于人形机器人和智能服务机器人，是国内人形机器人第一股。自 2018 年起，优必选不断提升整机设计水平及硬件性能、稳定性，陆续开发了中国首个商业化双足真人尺寸人形机器人 Walker 1 代至 Walker 3 代，目前已步入技术提升和商业化阶段，新一代 Walker X 系列具有更为突出的 AI 能力，并重点应用于迎宾导览、科技展馆、政企展厅、影视文旅、AI 教育与科研等场景。优必选是具备人形机器人全栈式技术能力的公司，包括行业领先的机器人技术、人工智能技术、机器人与人工智能融合等前沿技术。

4. 小米

2021 年 8 月，小米发布了首款四足行走机器人 CyberDog（铁蛋），能够实现行走、站立等动作。2022 年 8 月，小米在秋季发布会上发布首款全尺寸人形仿生机器人 CyberOne（铁大），高 1.77 米，全身 13 个关节，21 个自由度[①]，自由度 0.5 毫秒级别实时响应。从感知能力上来看，CyberOne 可识别 45 种人类语义情绪，分辨 85 种环境语义，同时搭载自研深度视觉模组，结合 AI 交互算法，能实现人物身份识别、手势识别、表情识别等功能。据雷军介绍，人形机器人需要突破多项关键技术，小米"极度看好智能机器人在生活、工作中的应用"，但 CyberOne 的成本每台需六七十万元，尚无法实现量产。[②]

目前国内也有很多在该领域的创业厂商，表 2-4 是部分统计。

---

① 自由度指的是机器人能够进行独立运动的方向和程度的数量，也就是机器人能够进行多少种独立运动，例如竖直方向上运动、水平方向上运动、旋转等。

② 参考自 https://finance.ifeng.com/c/8IPk04K6HG4。

表 2-4 部分具身智能机器人本体领域的创业厂商

项目名称	成立时间	地点	业务定位
智元机器人	2023 年 2 月 27 日	上海临港	通用人形机器人和具身智能
达闼科技	2018 年 10 月 17 日	上海闵行	基于云链接的安全智能机器人
傅利叶智能	2015 年 7 月 30 日	上海浦东	上肢康复机器人，下肢外骨骼机器人，踝关节康复机器人，智能电动训练车
宇树科技	2016 年 8 月 26 日	浙江杭州	四足机器人移动平台以及相关动力系统部件
逐际动力	2022 年 1 月 4 日	广东深圳	通用足式机器人
蔚蓝智能	2019 年 1 月 30 日	江苏南京	阿尔法机器狗 E 系列和阿尔法机器狗 C 系列
银河通用	2023 年 5 月 19 日	北京海淀	具身智能和机器人
星动纪元	2023 年 8 月 4 日	北京海淀	具身智能和通用人形机器人
煜海图科技	2023 年 9 月 5 日	江苏苏州	具身智能
加速进化	2023 年 6 月 20 日	北京大兴	人形机器人
穹彻智能	2023 年 11 月 2 日	上海闵行	具身智能和通用人形机器人
灵宇宙智能	2023 年 8 月 28 日	上海宝山	人形机器人
星尘智能	2022 年 12 月 5 日	广东深圳	仿人机械臂
Jacobi.ai	2023 年 8 月 18 日	广东广州	用 RobotGPT 与即插即用的 J-Box 赋能所有机器人公司
有鹿机器人	2023 年 2 月 23 日	浙江杭州	通用机器人大脑
戴盟机器人	2023 年 8 月 4 日	广东深圳	多系列通用仿人机器人
月泉仿生	2022 年 11 月 3 日	北京昌平	仿生拉压体机器人
小鹏鹏行	2021 年 3 月 25 日	广东深圳	智能仿生机器人
理工华汇	2015 年 9 月 15 日	北京海淀	人形机器人及其核心部件

注：表格中的信息来自早期公开资料，不代表公司最新业务发展情况。

二、具身智能机器人的"大脑"厂商

具身智能机器人的"大脑"是最核心的技术模块，因而"大脑"厂商主要是在具身智能大模型等领域具有显著技术优势的企业，一般由龙头科技企业主导。

在"大脑"领域，谷歌是早期入局并持续处于技术领先的典型代表。谷歌先后发布了多个具身智能大模型，如表 2-5 所示。

表 2-5　谷歌发布的具身智能大模型

模型名称	发布时间	模型介绍
SayCan	2022 年 4 月	SayCan 模型主要用于机器人决策支持，由谷歌机器人团队联合 Everyday Robots 开发。SayCan 可以划分为"Say"和"Can"两部分，分别负责机器人的语义理解和决策判断能力。"Say"由大语言模型组成，可以将复杂任务进行理解后拆解成子任务，而"Can"则可以结合机器人自身状态及周围环境，子任务和预先设定可完成的子任务进行比对，判断是否可执行
Gato	2022 年 5 月	多模态通用智能体模型 Gato 由谷歌 DeepMind 团队推出。该模型采用 Transformer 架构，可以将文本、图像、关节力矩、按键等信息序列输入加以统一，进而跨越不同的数据类型和工作方式，学习和执行各种任务。Gato 能够执行数百种不同的任务，涵盖图像标注、对话交流、游玩各类小游戏、控制关节力矩、使用机械手臂在现实世界中堆叠积木，以及在模拟的三维环境中进行导航等

续表

模型名称	发布时间	模型介绍
RT-1	2022 年 12 月	Robotics Transformer 1（RT-1）是一个多任务模型，用以大幅推进机器人总结、归纳、推理的能力。它可以标记机器人的输入和输出动作以在运行时实现高效推理，让机器人胜任不同环境下的多种任务。RT-1 可以让机器人的性能和泛化能力发生显著提升，机器人对于以前从未做过的任务、在不同环境下进行的任务，甚至有干扰情况下的任务，执行成功率都会有明显提升
PaLM-E	2023 年 3 月	通用多模态大模型 PaLM-E 由谷歌和柏林工业大学的研发团队联合推出。该模型融合了谷歌当时最新的大型语言模型 PaLM 和最先进的视觉模型 ViT-22B，可以结合传统运控算法执行复杂的机器人任务。在 PaLM-E 中，多模态信息以类似于语言序列的方式输入语言模型 PaLM 中，使其可以理解这些连续数据，从而能够基于现实世界做出合理判断
RoboCat	2023 年 6 月	RoboCat 由谷歌的 DeepMind 团队推出，是一种可以自我改进、自我提升，可以解决和适应多种任务的机器人 AI 智能体。RoboCat 结合了 Gato 模型的基本能力以及包含各种机器人手臂图像和动作的大型数据集，可以学习操作不同的机械臂来执行各种任务，包括套圈、抓水果、搭积木等，这些任务对于模型的理解力、控制的精准度以及形状匹配的把握都有着很高的要求。此外，它最大的特点就是"学得快"，通过短短 100 次演示就能解决任务，并通过自我生成的数据进行改进，即便在一些从未见过的任务上也能达到不错的成功率

续表

模型名称	发布时间	模型介绍
RT-2	2023 年 7 月	RT-2 同样由谷歌的 DeepMind 团队发布，是一种新型的视觉—语言—动作（VLA）模型，它可以从互联网和机器人数据中学习，并将这些知识转化为机器人控制的通用指令 这一模型是建立在 RT-1 的基础上，可以展现出过去接触过的机器人数据的泛化能力以及语义和视觉理解能力。在结合思维链的情况下，RT-2 还可以进行多阶段语义推理，例如，决定哪个物体可以用作临时锤子，或者哪种类型的饮料最适合疲倦的人

资料来源：各模型技术官网和 https://baijiahao.baidu.com/s?id=1784401259183122
464。

此外，Meta、英伟达等企业也纷纷在"大脑"领域布局。

2023 年 4 月，Meta 发布了图像分割模型 SAM。SAM 可以在不需要额外训练的情况下对不熟悉的对象和图像进行零样本泛化，从而"剪切"任何图像中的任何对象。SAM 使得机器人将所学到的分割图像进行细致标注，让机器人理解对象（Object）是什么，因此可以为任何图像或视频中的任何对象生成遮罩，即使是在训练中没有见过的对象。

2024 年 3 月，英伟达在美国圣何塞举行的英伟达 GTC 人工智能大会上，发布人形机器人通用基础模型 Project GR00T。这一通用模型驱动的机器人能够理解自然语言，并通过观察人类行为来模仿动作，比如快速学习协调、灵活性和其他技能。英伟达发挥了其在 AI 算力芯片领域的强大优势，Project GR00T 试用了专门为人形机器人打造的新型计算平台 Jetson Thor。英伟达表示，希望运用这一通用基础模型，让机器人拥有更聪明的大脑，可以通过观察人类的行为，做出自然的模仿动作，在动作的协调性、灵活性等方面大大提升。[①]

三、具身智能机器人的核心零部件厂商

具身智能机器人庞大的产业链为众多领域的企业提供了参与的机会。从价值量的角度来看，电机、减速机、力传感器、丝杠等零部件单品不仅价值高，而且用量大，因而生产这些核心零部件的厂商也构成了具身智能机器人产业链的重要组成部分。下面将分别对这些核心零部件及其厂商进行介绍。

1. 电机

机器人的主要驱动方式有液压驱动、电动驱动和气动驱

[①]　参考自 https://baijiahao.baidu.com/s?id=1794001115551006109。

动。机器人与汽车行业的发展趋势有一定相似性，都在走向电动化，目前电机驱动是人形机器人的主流选择。机器人电机驱动，主要选用了无框力矩电机和空心杯电机。

无框力矩电机目前还存在较高的技术壁垒，国内只有少量厂商能提供品质较高的无框力矩电机。科尔摩根（美国）进入中国市场较早，能生产高品质无框力矩电机，但因为产品价格偏高，使用科尔摩根产品的企业相对较少。步科股份依靠生产技术和较低成本占据了较大的市场，是行业内最大的无框力矩电机供应商。

空心杯电机被誉为电机领域皇冠上的明珠，具有功率密度大、能效高等优点，充分契合人形机器人的手指模组需求特点，此外空心杯电机在医疗器械市场应用较为广泛。该领域的外资企业居多，中国企业 2015 年陆续入局，但空心杯电机绕线技术在设计、制造工艺两方面仍需攻关，国内企业包括鸣志电器、未蓝智控、江苏雷利、鼎智科技等。

2. 减速机

减速机作为连接动力源和执行机构的中间机构，通过降低转速和提升扭矩，精准调节机器转动角度；目前应用在具身机器人中的减速机基本锁定在精密行星减速器、RV 减速机和谐波减速机，由于减速机产品技术的不同，在应用场景和性能表现上各具特点。

精密行星减速机多应用于机床、新能源设备（用于生产光伏、风电机设备）和工业、服务机器人领域，除此之外还广泛应用在激光切割和液晶产线中。日本新宝的市场份额最大，国内厂商包括湖北科峰、纽氏达、精锐科技（中国台湾）和利茗（中国台湾）。

RV减速机主要用于工业机器人场景，2023年该场景的应用占到RV整体市场份额的90%。然而，当前RV减速机市场仍然被外资品牌垄断，仅纳博特斯克一家就占据中国70%的市场份额。[1] 目前本土品牌RV减速机与外资品牌的主要差距依然在于控制的精度与稳定性，厂商包括双环传动、飞马传动、中大力德、南通振康等。

谐波减速机的市场集中度较高，2022年日本哈默纳科市场占有率约为38%；[2] 虽然短期内外资主导地位还将持续，但中国本土优秀品牌也在不断崛起，中国本土大约有30余家谐波减速机厂商，如绿的谐波、来福谐波等。

---

[1] 参考自觅途咨询的《2024人形机器人产业链白皮书》。

[2] 参考自https://baijiahao.baidu.com/s?id=1771662145923077542&wfr=spider&for=pc。

3. 丝杆

丝杠是机械设备中将回转运动、直线运动相互转换的传动元件，主要可分为梯形丝杠、滚珠丝杠、行星滚柱丝杠。目前，具身智能机器人的下半身关节主要采用行星滚珠丝杆，上半身采用滚珠丝杠。

滚珠丝杠市场集中度高，欧美系和日系主要面向偏高端的应用领域；台资和本土品牌主要面向中低端的市场应用领域。

行星滚珠丝杆与滚珠丝杠的结构相似，区别在于其载荷传递元件为螺纹滚柱，是线接触，而滚珠丝杠载荷传递元件为滚珠，是点接触，行星滚珠丝杆有更高的载荷和抗冲击能力。行星滚柱丝杠产能主要集中于欧洲、美国等，代表厂商包括瑞士 Rollvis、瑞士 GSA、瑞典 Ewellix、德国 Rexroth 等。目前国内企业较少布局，市占率较低，主要依靠海外进口，国产厂商包括鼎智科技、博特精工、南京工艺、汉江机床、新剑传动等。

4. 力传感器

人形机器人使用的力传感器可分为一维、三维和六维三种感知维度，其中六维力传感器最为复杂。六维力传感器由于维度较多，存在串扰问题，设计和仿真水平都有很高的壁垒。ATI 作为发明六维力传感器的公司，在六维力产品的生产和应用上都比较成熟。国产厂商坤维科技在六维力传感器的精度上与 ATI 比肩，目前在使用寿命和稳定性上还与 ATI 有一定差异。

第三节　具身智能机器人的应用与政策

我们的生产生活场景基本都是为人类适配，而具备人类形态和人类智慧的具身智能机器人，毫无疑问拥有着广阔的应用场景，各个国家都提供了丰富的政策予以支持。在本节中，我们将重点介绍具身智能机器人的应用与政策。

一、具身智能机器人的应用场景

具身智能机器人在工业制造、个人／家庭服务、公共服务、特种专业等领域有着广阔的前景。根据高盛 2024 年的数据预测，具身智能机器人市场规模在 2035 年将达到 378 亿美元，出货量能达到 140 万台左右。[①]

工业制造作为机器人最先落地也是应用最广泛的领域，有望率先实现具身智能机器人的商业化落地。当前应用于工业自动化领域的传统机器人大多具备自动控制、可编程功能，以固定或移动的方式被广泛应用于汽车制造、3C 设备生产、金属机械加工、工业物流仓储、塑料化学产品生产等行业。但这些机器人在使用前大多需要人工事先经过烦琐的编程，然后按照既定程序进行工作，且只能制造标准产品，缺乏灵活性和适应性。而具身智能机器人能够根据环境变化和任务需求做出即时决策，无须预先定义指令，可以在不同的工作场景中灵活应对，甚至处理未知的情况，对于部分工业产线的效能提升具有重大意义。例如一家生产多款车型的大型汽车厂商，过往需要配套多条不同产线，生产不同车型的汽车。车型升级换代后，则需要对产线进行大量的调整、适配。搭配具身智能机器人后，同一产线就可以根据订单生产不同车型的汽车，产线的灵活性和生产效率都大大提升了。

除了工业制造，具身智能机器人在个人和家庭服务中的应用也十分广泛，可以提供各种形式的便利和支持，使人们

---

① 参考自 https://www.163.com/dy/article/ITCOBK5305198RSU.html。

的生活更加舒适和便捷。家庭场景相对于工业生产场景更加非标化，同时也更注重"人的温情"。而未来的家庭机器人在具身智能赋能下，可以充当多重角色。例如早晨起床后，家庭智能机器人助理通过语音提醒全家人今日日程。早餐时，机器人助理监测家中老人血压等健康数据，并发送健康建议。白天，机器人助理根据家人的喜好执行购物任务，并打扫家中卫生。傍晚，机器人助理提醒家人锻炼，并陪同孩子在小区内一起玩耍。具身智能机器人不再是单一功能的工具，而是成为家庭成员的一分子，让家庭生活变得更加便捷、舒适。

而在公共服务中，具身智能机器人的应用同样可以提高效率、节省成本，并改善服务质量，如被用作公共场所的客户服务代表提供信息咨询和导览服务，或在公共场所出现安全问题的情况下指导人们采取正确的行动，等等。因为类人的形态和类人的智慧，具身智能机器人可以大大改善公共场所的服务体验和服务能力。

在特种服务领域，具身智能机器人的应用可以提供高效、安全、精准的服务，满足特殊需求和应对特殊情况。例如在救援和灾害应急领域，具身智能机器人可以在地震、火灾、泥石流等灾害场景中提供搜索、救援和清理等服务。在军事和安全领域，具身智能机器人可以被用于执行军事和安全任务，例如侦察、巡逻、排爆等；在特种作业和探索领域，这些机器人可以被用于特种作业和探索任务，例如在海底、太空、高空等极端环境中执行科学探测、资源勘探、建筑施工等任务。它们可以适应恶劣的环境条件，代替人类执行长时间和高风险的任务，探索未知的领域和挑战。

二、具身智能机器人的相关政策

国家发展改革委、工信部等多个部门于 2018—2023 年，发布了多个人形机器人相关的政策性文件，推动人形机器人产业向高端化、智能化方向发展，相关文件见表 2-6。

表 2-6　中国关于具身智能的政策性文件

发布单位	政策性文件名称	发布时间	相关内容解读
国家发展改革委	《增强制造业核心竞争力三年行动计划(2018—2020年)》	2018 年	将智能机器作为重点领域发展，组织实施关键技术产业化专项。将基础性、关联性、开放性的机器人操作系统等共性技术作为机器人产业化的关键一环。加快智能服务机器人推广应用。聚焦市场潜力大、产业基础好、外溢效应明显的智能服务机器人领域，推动特种服务机器人关键技术研发和产业化示范，加快公共服务机器人、个人服务机器人推广应用

续表

发布单位	政策性文件名称	发布时间	相关内容解读
国家发展改革委	《产业结构调整指导目录（2019 年本）》	2019 年	为加快国内产业结构调整，将各项目划分为鼓励类、限制类、淘汰类，针对各类型采取不同规划方案，用以适应当前新形势、新任务、新要求，将特种服务机器人、公共服务机器人、个人服务机器人归入鼓励类；将高精密减速器、高性能伺服电机和驱动器、全自主编程等高性能控制器、传感器等归入机器人关键零部件；还列出智能机器人操作系统、智能机器人云服务平台、智能人机交互系统、智能机器人
工信部等15 部门	《"十四五"机器人产业发展规划》（2021 年）	2021 年	2025 年的具体目标：一批机器人核心技术和高端产品取得突破，整机综合指标达到国际先进水平，关键零部件性能和可靠性达到国际同类产品水平。机器人产业营业收入年均增速超过 20%。形成一批具有国际竞争力的领军企业及一大批创新能力强、成长性好的专精特新"小巨人"企业，建成 3—5 个有国际影响力的产业集群。加强核心技术攻关，突破机器人系统开发、操作系统等共性技术，研发仿生感知与认知、生机电融合等前沿技术。"十四五"期间工作重点部分提到：重点补齐专用材料、核心元器件、加工工艺等短板，提升机器人关键零部件的功能、性能和可靠性，开发机器

发布单位	政策性文件名称	发布时间	相关内容解读
工信部等15部门	《"十四五"机器人产业发展规划》（2021年）	2021年	人控制软件、核心算法等，提高机器人控制系统的功能和智能化水平。落实措施中涉及财税金融对试点城市机器人企业的支持，优化首台（套）重大技术装备保险补偿机制试点等内容
科技部等6部门	《关于加快场景创新以人工智能高水平应用促进经济高质量发展的指导意见》	2022年	以促进人工智能与实体经济深度融合为主线，以推动场景资源开放、提升场景创新能力为方向，强化主体培育、加大应用示范、创新体制机制、完善场景生态，加速人工智能技术攻关、产品开发和产业培育，探索人工智能发展新模式新路径，以人工智能高水平应用促进经济高质量发展。还指出制造领域优先探索工业大脑、机器人协助制造、机器视觉工业检测，政策红利催生，人形机器人相关技术产业化落地进程值得关注
工信部等17部门	《机器人＋"应用行动实施方案》	2023年	到2025年，服务机器人行业应用深度和广度显著提升，机器人促进经济社会高质量发展的能力明显增强。聚焦10大应用重点领域，突破100种以上机器人创新应用技术及解决方案，推广200个以上具有较高技术水平、创新应用模式和显著应用成效的机器人典型应用场景，打造一批"机器人＋"应用标杆企业，建设一批应用体验中心和试验验证中心。推动各行业、各地方结合行业发展阶段和区域发展特

续表

发布单位	政策性文件名称	发布时间	相关内容解读
工信部等17部门	《机器人＋》应用行动实施方案》	2023年	色，开展"机器人＋"应用创新实践。搭建国际国内交流平台，形成全面推进机器人应用的浓厚氛围
工信部	《人形机器人创新发展指导意见》	2023年	到2025年，人形机器人创新体系初步建立，"大脑、小脑、肢体"等一批关键技术取得突破，确保核心部组件安全有效供给。到2027年，人形机器人技术创新能力显著提升，形成安全可靠的产业链供应链体系，构建具有国际竞争力的产业生态，综合实力达到世界先进水平
教育部、科技部等7部门	《关于推动未来产业创新发展的实施意见》	2024年	面向国家重大战略需求和人民美好生活需要，加快实施重大技术装备攻关工程，突破人形机器人、量子计算机、超高速列车、下一代大飞机、绿色智能船舶、无人船艇等高端装备产品，以整机带动新技术产业化落地，打造全球领先的高端装备体系

其中，2023年的相关政策尤为密集，人形机器人相关的政策由宏观指导逐步收缩到细分领域的落地目标与具体实践方向。2023年1月，工信部等17个部门联合印发《"机器人＋"应用行动实施方案》，注重推动机器人与各个经济发展的重点领域相互融合，推进我国机器人产业自立自强，为加快建设制造强国、数字中国，推进中国式现代化提供有力支

撑。同年 9 月，工信部印发《关于组织开展 2023 年未来产业创新任务揭榜挂帅工作的通知》，面向元宇宙、人形机器人、脑机接口、通用人工智能 4 个重点方向提出了 2025 年的具体目标，且明确了人形机器人攻关重点与应用场景。而在同年 11 月，工信部发布《人形机器人创新发展指导意见》，首次指出人形机器人有望成为继计算机、智能手机后的颠覆性产品，并规划到 2025 年在特殊场景取得示范应用，到 2027 年规模化落地、成为重要经济增长新引擎。

在《人形机器人创新发展指导意见》中，对具身智能的相关技术、产品做出了一系列强调。

在技术层面，软件模块强调算法能力建设，硬件模块发展要求轻量高精机械结构。在"大脑"模块，强调云端算力与大模型训练算法；在"小脑"模块，强调搭建运动控制数据库，构建仿真系统和训练环境；在机械肢模块，强调创新人体运动力学基础理论，打造仿人机械臂、灵巧手和腿足，突破轻量化与刚柔耦合设计、全身协调运动控制、手臂动态抓取灵巧作业等；在机器体模块，强调发展轻量化骨骼、高强度本体结构、高精度传感、高续航的动力单元与能源管理。针对这一系列技术模块，鼓励龙头企业牵头联合产学研用组，形成关键技术群。

在产品层面，支持基础部件完善性能背景下，强调"通用平台＋专用软件包"模式。本体方面，提倡"通用平台＋个性化功能"开发，鼓励电／液压／混合驱动等多形态人形机器人发展，强化批量化生产；在基础部件方面，强调传感器、高功率密度执行器、专用芯片、高效专用动力能源等发展；在软件平台方面，开发面向各类场景的应用软件，探索"机器人即服务"灵活部署模式。

除了中国之外，具身智能作为人工智能下一个重点发展方向，也引起了全球其他各国的重视。世界主要发达国家也把发展具身智能、"人工智能＋机器人"、人形机器人等视为提升国家竞争力、维护国家安全的重大战略，纷纷出台人工智能规划和相关政策（见表2-7），力图在新一轮国际科技竞争中掌握主导权。

表2-7　其他国家关于具身智能的政策性文件

国家／地区	政策性文件名称	发布时间	相关内容解读
美国	《国家人工智能研发战略计划》	2023年	研发能力更强、更可靠的机器人。机器人在人类的生活中应用广泛，目前，我们正研究如何更好地开展机器人与人类的合作。机器人技术可以更好地模仿并提高人类的体能和智能，未来科学家还需要继续研究如何使机器人系统更可信和方便

续表

国家／地区	政策性文件名称	发布时间	相关内容解读
美国	《国家人工智能研发战略计划》	2023 年	使用。同时，提高机器人的认知和推理能力，使其可以更好地进行自我评价，提高其处理复杂问题的能力，更好地与人类开展互信合作
欧盟	"地平线欧洲"（Horizon Europe）	2021 年	旨在巩固欧盟的科技基础，提升欧洲的创新能力、竞争力，增加就业机会，落实公民优先权利，维护社会经济模式和价值观。该计划为期 7 年（2021—2027 年），预算为 943 亿美元
日本	《人工智能战略 2022》	2022 年	将 AI 技术和机器人技术融合，降低管理成本，提高业务效率
韩国	《2022 年智能机器人实行计划》	2022 年	持续对工业和服务机器人进行投资和支持，并放宽限制打造促进机器人产业发展的环境。2022 年，韩国政府将投入 2 440 亿韩元（约合 2 亿美元）开展工业及服务机器人研发和普及，较上年增长 10%

　　2023 年 5 月，美国在国家层面发布了《国家人工智能研发战略计划》，明确提出将"研发能力更强、更可靠的机器人；提高机器人的认知和推理能力"列为优先事项。欧盟积极关注 AI 与机器人的集成应用。在"地平线欧洲"工作计划中，欧盟为机器人相关项目提供长期资金支持，7 年总预算

为 943 亿美元。

除美国、欧盟外，日本、韩国也都发布了政策性文件，进行顶层的战略引领，如日本在 2022 年 4 月发布的《人工智能战略 2022》，韩国在 2022 年 3 月发布的《2022 年智能机器人实行计划》。

第三章
具身智能与 AIGC、智能体

ChatGPT 曾在一夜之间出现。我认为，有智慧的机器人技术也将如此。

——Eric Jang

2022 年 11 月 30 日，OpenAI 发布了名叫 ChatGPT 的超级聊天机器人，它不仅能自然流畅地与人类对话，还能创作诗歌、小说、周报、产品文档等，一夜之间，在全网掀起了人工智能生成内容（Artificial Intelligence Generated Content，简称 AIGC）的热潮。ChatGPT 从推出到拥有 1 亿用户仅用了 2 个月时间，而这一历程，电话用了 75 年，手机用了 16 年，网站用了 7 年，即使是 TikTok 也用了 9 个月时间，这无疑是科技发展史上的里程碑事件。而到了 2023 年 3 月，GPT-4 的发布更是将这波热潮推到了最高峰，底层的大语言模型不仅性能得到了前所未有的扩展，提升了逻辑推理和数理计算能力，还引入了多模态能力，能够清晰地理解图像内的语义信息，并据此进行对话和回答各种各样的问题。紧接着，在同年 11 月发布并在次年 1 月上线的 GPTs，让每个人都可以基于 AIGC 的底层能力，用自然语言搭建能够执行各种任务的智能体（Agent）。不过，借助 GPTs 创建的智能体所执行的任务基本上是存在于互联网中的，如果能在现实世界打造一个具备身体的智能体，其实就是本书中重点介绍的智能体。在本章中，我们将首先介绍 AIGC 的发展为具身智能提供的底层能力、智能体与具身智能的关联，以及如何在模拟器的环境中，借助训练智能体来完成对具身智能训练的过程。

第一节　AIGC 时代下的具身智能

AIGC 广义上泛指人工智能生成的内容及其相关技术和应用，在这个领域范畴内，大语言模型和多模态能力构成了具身智能顺利运转的基础。下面我们将对这一点进行介绍。

一、大语言模型与多模态模型

大语言模型（Large Language Models，简称 LLMs）是指以海量数据训练、具备强大文本生成和理解能力的模型，像前文提到的 GPT-4 就属于大语言模型的范畴。这些模型通过学习大量的文本信息，能够捕捉到语言使用中的微妙规律和复杂语义。因此，它们在理解人类语言、生成连贯文本和执行诸如问答、翻译、写作等任务上表现卓越。在前面的章节中其实有提到，具身智能的运转离不开自然语言理解与交流能力，而大语言模型就提供了这样一个强大的语言理解和处理核心，使得这些系统能够更自然、更流畅地与人类进行交流。

而多模态模型（Multimodal Models）则将这种语言处理能力拓展到了多个感官维度，包括视觉、听觉，甚至是触觉等。多模态模型能够同时理解和整合来自不同感官的信息，为具身智能提供了一种更加综合的理解方式。例如前面章节中提到的谷歌 PaLM-E 就是一款结合了传感器数据的多模态语言模型。它不仅能处理文本信息，还能够以视觉和其他连续状态估计信息作为输入，实现语言和视觉任务的混合处理。通过这种多感官数据的整合，具身智能系统能够获得对其所处环境更全面和深刻的理解。比如在应用于无人驾驶车辆时，多模态模型可以解析语言指令的同时结合视觉数据对道路情况做出准确反应，极大地提高了驾驶的安全性和效率。

如果参考前面章节对于具身智能机器人的技术划分，大语言模型和多模态模型等 AIGC 模型都为具身智能"大脑"部分的生长提供了重要的技术动能。当大语言模型和多模态模型将知识、推理能力推向新的高度时，其应用也会从调用简单的在线工具转向调用硬件设备与真实的世界交互，从最新发布的一系列 AIGC 模型的演示视频中我们就能看出端倪。

谷歌于 2023 年 12 月推出的原生多模态大模型 Gemini 就是一个典型代表，原生的意思是从设计之初，多模态就是它的基本能力的一部分，可以对文本、音频、图像和视频等多模态信息进行处理，而非将不同模态的模型进行拼接，综合这些多模态信息，Gemini 就可以用和人类一样的方式理解我们周围的世界，做出推理和响应，这种能力无疑对于具身智能的发展十分重要。在发布时谷歌放出的视频无疑在佐证这一点，视频从展示 Gemini 处理复杂文本和语音输入开始，以流畅自然的方式与人类对话交流，但更令人印象深刻的是，Gemini 能够理解、分析图像和视频内容以及背后所蕴含的知识。例如视频中用户画了一只蓝色的鸭子，Gemini 会评论"这种颜色的鸭子可并不常见"，而当用户拿出一只蓝色塑料鸭子时，Gemini 还会感叹："看来蓝色的鸭子可比我想象得常见！"并且在用户捏响鸭子后，它会对这只鸭子的漂浮能力和使用材质做出判断。此外，Gemini 综合多模态信息后展示的推理能力也是超乎想象的，如果把三个杯子放在桌面上，其中一个放入纸团，打乱杯子后，Gemini 可以准确地猜出纸团所在的位置。更有意思的是，当把一团蓝色毛线和粉色毛线的图像信息提供给 Gemini 时，它可以据此输出用这两团毛线制作的蓝耳朵、粉色身体的小猪以及蓝触手、粉色身体的章鱼。而除了视觉信息的输出，Gemini 同样也是输出音乐的好手，当吉他、电吉他和鼓的图像出现在 Gemini 面前时，它还可以播放对应乐器的伴奏音乐。

除了 Gemini，GPT-4 也在综合现实世界多模态信息，做出相关分析反馈方面表现出了卓越的性能。一个典型应用是 GPT-4 和 "Be My Eyes" 应用的协同。"Be My Eyes" 应用的主要作用是连接视障人士与能见人士，以协助完成日常生活中的各种任务。GPT-4 为该应用增添了 "Virtual Volunteer" 这一创新功能。"Virtual Volunteer" 功能使用户可以通过应用将图片发送给一个由 GPT-4 驱动的虚拟助手。这个 AI 助手能够对图片内容进行即时的视觉辅助和深入分析。例如，用户若发送冰箱内部的照片，虚拟助手不仅能准确识别里面的物品，还能分析哪些食物可以一起烹饪，并提供相关食谱及制作指导。此外，GPT-4 的多模态能力还使其在帮助视障人士理解和导航复杂的物理世界方面表现出色，包括对网页和电子商务站点内容的理解和导航。这种能力极大地提高了视障人士的生活独立性和便利性。可以想象，在未来，像 GPT-4 这样的 AIGC 模型可以广泛用在帮助视障人群的服务机器人上。

总的来说，通过应用 AIGC 领域的先进模型，具身智能会有机会以更加复杂和高效的方式与现实世界互动。未来，随着 AIGC 技术的深入发展和优化，我们或许可以期待看到更加丰富多彩、更加智能化的具身智能产品。

二、AIGC 与具身智能结合的研究成果

虽然 AIGC 尚属于新生事物，但学术界已经可以看到不少利用 AIGC 技术与具身智能相结合的杰出研究成果。下面我们将对一些成果进行介绍。

1. DiscussNav 导航系统

具身导航是具身智能领域重要的任务类型，该任务指的是具身智能体需要在不进行扫描建图和训练的情况下，只用导航指令就能控制具身智能体的灵活运动。北大董豪团队受到现实中专家讨论行为的启发，提出了 DiscussNav 导航系统。在该系统中，首先会为大语言模型和多模态大模型赋予"专家"角色和特定任务，以此激活它们在不同领域内的知识和能力，进而构建出具备不同特长的视觉导航"专家团队"，"专家团队"的主要能力如表 3-1 所示。机器人依靠与大模型的"专家团队"沟通，可以完成指令分析、视觉感知、完成估计和决策测试等一系列视觉语言导航的关键任务。在每一步移动前，机器人都会与"专家"讨论来理解人类指令中要求的动作和提及的物体标志，并依据这些物体标志的类型有倾向性地对周围环境进行感知，并就指令完成情况进行估计，由此做出移动决策。[①]

表 3-1 DiscussNav 导航系统专家团队的能力

专家领域	专家职能	能力简述
指令分析	动作分解	从导航指令中分解出动作序列，例如在"走过墙上的验光表后停下来"的指令中，识别出正确的动作序列是先"走过"再"停下来"

---

① 参考自 https://arxiv.org/abs/2309.11382。

续表

专家领域	专家职能	能力简述
指令分析	地标提取	识别地标并对其进行分类，确保地标的完整性，对语言上可能引起歧义的地标进行解析，如将"墙上的视力表"识别为连贯的单一地标而不是分离的"视力表"和"墙"
视觉感知	场景观察	观察房间类型等场景级视觉信息，如"卧室""厨房""客厅"等
	物体检测	检测场景中的物体，即使是不易被察觉的物品也能识别
完成估计	轨迹总结	简化导航历史中的环境描述，以规定格式输出轨迹信息
	完成估计	基于轨迹历史建立思维链，估计"已执行动作""进行中的动作""等待执行的动作"
决策测试	思维融合	将通向同一决策的思维过程融合为一个整体
	决策测试	评估移动预测的可行性，并选择最可靠的预测

2. 亚运会智能机器人导游

在亚运会期间，北大计算机学院的 HMI 团队打造了一个为视障者提供辅助的四轮导游机器人，该机器人集成了多模态大模型与具身智能，为视障人群、残疾人、老人和其他需要特殊关照的群体提供帮助，比如捡起物品、带路导引等。

　　该导游机器人搭载了感知与生成一体化的多模态大模型，机器人能够精确理解各种视觉场景并提供详细描述，也能够将复杂需求转化为具体指令，并具备场景感知、解析以及行动决策和规划能力。为了应对多变的场景，系统采用了大小模型协作的方法进行微调，提高机器人的泛化能力。在科技媒体"量子位"对本项目的报道中提到过一个典型例子：当运动员用户说"我渴了"，机器人听到这句话后，会转身拿水，递到用户手中。[①] 在这个看似简单的操作中，其实涉及了如下的一系列子任务。

- 语音信号捕捉：捕捉"我渴了"的语音信号，通过语音识别技术，转换为文字。

- 自然语义理解：理解"我渴了"这句话的含义，即用户现在需要水。

- 具身感知：利用计算机视觉相关技术，识别、定位瓶装水。

- 路径规划：规划来到瓶装水面前的路线。

- 视觉导航：根据规划好的路线来到瓶装水面前，而拿到水后还需要送回到说话者手中。

---

① 参考自 https://36kr.com/p/2479855462487938。

- 机器人控制：准确抓住瓶装水。

这整个过程对于模型泛化能力和机器人的场景适应能力无疑都是一项挑战。为了更好地应对挑战，团队据此建立了端云协作的持续学习系统，以提高机器人在开放环境中的适应性，同时保障个性化、隐私并减少通信成本。

3. ChatGPT for Robotics：用 GPT 实现自然的人机交互

2023 年 2 月，微软曾发布名为"ChatGPT for Robotics"的研究报告，探讨将 ChatGPT 集成进机器人的方法。整个研究的关键在于教会 ChatGPT 理解物理定律和环境背景，以及如何和环境中的物体交互并改变它们的状态。[①]

研究团队采取的方法包括特别的文本提示、高级 API 的使用和基于文本的反馈。这些方法引导 ChatGPT 将语言描述转化成机器人读懂的指令，减少了机器人配置人员对于编程语言的学习需求和对机器人系统细节的了解。通过这类互动，即便是非技术用户也可以部署和调整机器人，整个流程变得更为直接和经济高效。

---

① 参考自 https://www.microsoft.com/en-us/research/group/autonomous-systems-group-robotics/articles/chatgpt-for-robotics/。

在这套技术体系下，ChatGPT 通过感知—动作循环处理任务并根据传感器反馈做出决策，据此控制机器人完成各种复杂的任务，包括环境探索与避障、寻找指定物体、拾取与堆垛物件、涡轮机检测和太阳能电池板检测等，甚至还能进行自拍。

三、AIGC 与人形机器人的未来

在 AIGC 引起互联网讨论的热潮时，流传着这样一个笑话。

我们希望 AI 完成的事情：煮饭、打扫、洗衣服并将其晾干、倒垃圾、清理猫砂、解决烦琐且耗时的体力活动。

AI 实际完成的事情：聊天、写作、绘画、作曲、各种脑力活动。

感觉哪里怪怪的。

不过，当 AIGC 模型深度与人形机器人结合时，我们距离这一天也就不远了。本部分内容将重点介绍 OpenAI 基于 AIGC 的底层能力合作的两款机器人：EVE 和 Figure 01。

1. OpenAI 和 1X Technologies 合作的人形机器人 EVE

1X Technologies 在 2014 年成立于挪威，其前身为 Halodi

Robotics，以"设计能与人类并肩工作的机器人，满足世界的劳动力需求并建立富足的社会"为使命，一直致力人形机器人的开发。其研发的商用人形机器人 EVE，可以在安全保护、医疗看护、物流运送等各种复杂场景下辅助人类进行工作，并在 2023 年得到了 AIGC 领域的头部公司 OpenAI 的投资。[1]

除了投资的金额，OpenAI 还为 1X 提供了技术支撑，将 GPT 系列模型的能力融入 EVE 机器人中，大大提高了 EVE 机器人的任务完成能力和拟人化程度。例如前面列举的日常工作和生活场景中的开门、转弯、做饭、抬起物品、明确指令细节等一系列传统机器人完成起来较为困难的任务，借助 AIGC 技术都得到了充分的优化。

除了 AIGC 的技术能力外，EVE 的出色表现也来自机器人训练时的具身学习过程，这个过程与训练大型语言模型的方式十分类似。人类操作者会向机器人示范如何用身体完成各种类型的操作并展示思维过程，以此来将人类的行为模式和思维方式刻录在机器人的"大脑"中。而在此基础上，GPT 等大语言模型的融入可以提升机器人的泛化能力，让

---

[1]　参考自 https://baijiahao.baidu.com/s?id=1788762878947797412。

EVE 能够适应更多更复杂的情况，并拓宽其安全边界。

2. OpenAI 和 Figure 合作的人形机器人 Figure 01

2024 年 3 月 13 日，一段人形机器人的演示视频火爆全网，这段视频来自 Figure 公司推出的人形机器人 Figure 01，而此时正值 Figure 公司和 OpenAI 合作的第 13 天。

在视频的开始，工作人员询问站在桌子前的 Figure 01："你看到了什么？"Figure 01 只是犹豫了 3 秒左右，就清晰地对眼前的物体陈列进行了描述："我看到桌子的中央盘中有一个红苹果。还有个沥水盘，里面有杯子和盘子。你站在附近，手放在桌上。"在这个描述中，Figure 01 不仅全面地识别了眼前的所有物体，还深入理解了这些物体摆放的位置关系。

接着，工作人员询问："我能吃点东西吗？"Figure 01 用双手示意了一个友好的动作，回答道："当然！"它准确地拿起了苹果，交到工作人员手中。在这个过程中，Figure 01 明确地理解了眼前物体背后的语义信息，什么东西能吃，什么东西不能吃，而且直接能依照指令和相关语义信息，准确地规划和执行行动，展示了高度的智能性。

然后，工作人员对 Figure 01 提出了更高的要求："你可以一边解释一下你为什么这么做，一边清理一下桌子上的垃圾吗？"机器人开始行动起来，把桌子上的垃圾陆续捡拾到篮子里，同时回答道："因为苹果是我从桌子上唯一找到的能食用的物体，所以我把苹果给你！"在回答完问题后，桌子上的垃圾已经被清理干净了。

接下来，工作人员不再满足于机器人针对当前情况做出判断了，还希望它能够预判接下来发生的事，于是对Figure 01说："基于现在的情况，你觉得接下来餐具会到哪儿去？"Figure 01思考了一会儿，说："桌子上的餐具，比如那个盘子和杯子，很可能会被放入沥水篮里。"工作人员接着要求："你能放进去吗？"Figure 01回了一句"当然"，然后麻利地把桌子上的杯子和盘子收入沥水篮中。

做完全部任务后，工作人员问Figure 01："你觉得你做得怎么样？"Figure 01骄傲地回答说："我觉得我做得非常好，苹果找到了新主人，垃圾消失了，桌子就在它该在的地方。"整个演示视频一气呵成，让人仿佛置身于科幻电影。而根据2024年7月的最新消息，Figure 01的人形机器人已经进入宝马汽车工厂的生产线展开"实习"。相信我们在不久的未来，可以看见这样智能的人形机器人进入千家万户的生活中。

第二节　具身智能与智能体

一、智能体及其发展历程

　　智能体最早由马文·明斯基（Marvin Minsky）在 1986 年提出，认为通过协商解决问题的个体就是智能体（Agent），它具有一定的社会交互性和智能性。在概念诞生的早期，许多利用特定规则在计算机模拟中进行活动和决策的对象常常被称为"智能体"，而后来伴随着 AIGC 技术的蓬勃发展，智能体更多用于代指那些能够独立思考并逐步完成给定目标，通过调用工具实现任务，具备感知环境、决策和执行动作能力的智能实体。

　　区别于前文介绍的大语言模型，智能体往往不需要制定复杂和详细的提示语进行反复沟通，而只需要给定最终需要实现的目标即可独立思考并采取行动，它会拆解任务并依靠外界反馈和自主思考来实现目标。例如，你希望大语言模型写一个贪吃蛇游戏的程序，你需要拆解贪吃蛇游戏的构成，依次向大语言模型提问，引导它写出各个模块的代码。遇到运行不了的代码时，还需要主动向大模型询问，让大模型结合错误进行修正。而对于智能体来说，这个过程则完全不一样，你只需要告诉它"写一个贪吃蛇的游戏"，它便会自主设计游戏结构，撰写各部分程序，自主进行调试，遇到问题时，主动上网查询资料进行解决，最终直接交付给你一个贪吃蛇的游戏成品。如果说大语言模型像一个刚入职场的实习生，所有事情都需要你手把手教着干，那么智能体就是一个熟练的职场专家，只需要你规定目标，它自己就能按时按质地完成相关的任务。

其实，现在许多手机或智能家居配置的语音助手，就能被看作一定程度上的智能体。借助这些 AI 助手工具，我们不仅能完成查询天气、播放音乐、发送短信等各种任务，还能让这些助手提供情感慰藉和情绪价值。除了 C 端这种生活助理的场景，B 端的许多垂类工作场景其实非常适合智能体的落地。尤其是当我们具备了 GPT-4 这样强大的大模型后，借助设定好的提示语、插件工具、知识库、工作流等，就可以大语言模型为核心进行功能边界的拓展，以完成各种需求。例如像 GPTs、Coze 等智能体构建平台就具有这样的功能，另外，不少初创公司也正在打造基于大语言模型的企业级智能体平台。在这些平台内，垂直领域专家通过智能体平台定义工作流程，完成工作方法论的构建，设计智能体对话模式以便更清晰地表达业务；一线员工用自然语言提出需求，调度智能体完成任务，能够极大地提升工作流程自动化的灵活性，降低成本，这是一种对传统工作方式的颠覆式创新。从长远来看，这类平台很有可能成为 2B 领域人机交互的入口级平台。[①]

二、智能体与具身智能的关联

具身智能可以看作一种将智能体与物理实体结合，并令智能体具备感知、行动以及与物理环境进行实时互动能力的智能形式。如果用更科幻的方式看待智能体，可以把智能体看作具身智能的"灵魂"，它是所有智慧功能集成的抽象。这些有智慧的"灵魂"附着在不同的硬件躯体上，形成了各式各样的具身智能体。

作为"灵魂"的智能体，对于具身智能的意义主要表现在四个方面：感知信号的输入、行动指示的调度、学习优化的迭代、协作交互的综合。

[①]　参考自 https://www.vzkoo.com/read/20230829133002175faa5d8b9387aa1d.html。

- 感知信号的输入：具身智能体需要通过传感器等媒介，获取周围环境信息并进行处理，以获取适应性和灵活性。这些获取到的数据信息经过处理后会作为智能体的输入，最终形成对环境的反馈。

- 行动指示的调度：智能体通常需要结合感知后输入的信号，综合判定环境变化和任务需求，进行调整和优化，为硬件身体提供指令调度，以执行各类任务。

- 学习优化的迭代：智能体可以通过试错和反馈机制不断提升自身的性能和表现，在与物理世界环境的交互过程中，智能体可以学到哪些策略有效，哪些策略需要改进，并在下一次任务中应用这些经验和知识。

- 协作交互的综合：在物理世界活动中，往往会涉及与其他具身智能体及人类的互动与交流，如何综合各种智能体的特性进行协作和交互，是智能体的重要能力。当前，多智能体系统（Multi-Agents System）是一个重要的研究方向。

当然，智能体作为一个智慧功能的集成抽象，不仅可以附着在一台硬件设备上，还可以作为众多硬件设备统一调度的中枢，广泛应用在智能物流、智能家居、智慧城市、智慧农业等方面。

1. 智能物流的智能体中枢

在当今物流系统中，通过智能体的集中调度可以实现更高效和精准的货物管理和配送。例如美国零售巨头沃尔玛在其物流中心引入了智能体作为调度中枢，以提高货物管理和配送的效率。在物流中心，配送机器人通常会感知环境和货物信息等，自动选择最佳的货架并完成复杂的拣货任务。

而作为管控中枢的智能体，可以根据实时的数据和预测模型，优化机器人的运作路径和速度，以提高机器人的运作效率和准确性。当有新的订单生成时，智能体中枢可以通过感知仓库内货架的存货情况和机器人的位置等信息，自动选择最佳的货架并指派机器人前往拣货。当机器人遇到障碍或货物缺失时，智能体中枢可以通过感知机器人的位置和状态，自动调整任务分配并指派其他机器人前往协助。在这种系统下，物流系统不仅提高了物流效率和准确性，还降低了成本和误差率。沃尔玛曾表示，这一技术的引入已经使得它在物流领域取得了重大进展，并计划将该技术扩展到更多的物流中心。

2. 智能家居的智能体中枢

在智能家居场景中，利用智能体中枢的管理调度能力，可以实现不同家居的互联互通，并利用对于环境和家庭成员的交互感知，可以实现更加智能和便捷的家居服务。例如，英国智能家居公司 Hive 就通过作为中控系统的智能体中枢来感知家庭成员的行为和环境变化，自动控制家电设备并提高生活便利性和舒适度。例如当家庭成员离开客厅时，中控系统可以通过感知房间内的温度和湿度等信息，自动关闭空调和加湿器，以节约能源和提高生活舒适度。当家庭成员进入厨房时，也可以通过感知厨房内的光线和烟雾等信息，自动开启灶台和排风扇，以提高厨房的舒适度和安全性。

此外，Hive 的中控系统还会根据家庭成员的需求和偏好提供个性化的服务。例如，当某位家庭成员需要调节房间温度时，可以通过语音识别和手势感知，与其他家庭成员进行交互并执行相应的操作。当家庭成员需要播放音乐或电影时，也可以自动连接到家庭影院或音响设备，并播放其喜欢的音乐或电影。

除了增加生活便利性和舒适度，Hive 的中控系统还可以通过实时数据分析和预测模型，优化家庭能源消耗和节约成本。该公司表示，这种智能化的家居服务已经受到越来越多家庭的欢迎，并计划将其推广到更多的市场。

3. 智慧城市的智能体中枢

将智能体中枢应用于城市管理领域，可以实现智能化的城市运营和服务。例如，摄像头可以通过感知交通流量、人流密度等信息，将数据传输给智能体中枢进行分析和决策。而智能体可以根据实时的数据和预测模型，优化交通信号灯的控制、调度公共交通工具的运营，并提供实时的交通导航和城市服务信息，提高城市的交通效率和居民的生活质量。除了基本的本地生活，这种能力还可以应用于城市的环境保护、安全防范等领域。

4. 智慧农业的智能体中枢

在农业领域，利用智能体中枢的综合管理控制可以实现智能化的农业管理和精准农业。借助农田间的监控硬件，可以获取土壤湿度、作物生长等信息，由中枢系统发出指令，自动进行灌溉、施肥和除草等农业操作。此外，智能体中枢还可以根据实时的气象数据、土壤分析结果等，优化农田管理设备的作业计划，并提供农作物病虫害预警和管理建议，提高农业生产效率和作物品质。

第三节 在模拟器中训练具身智能体

既然智能体是"灵魂"，而具身智能的最终目标是在现实世界中活动，那么一个训练思路是：我们是否可以先在虚拟的仿真环境中把智能体训练好，然后再植入现实世界中的设备上呢？这种仿真方法被称为"从模拟到现实"（Simulation to Reality，简称 Sim2Real）。在模拟器的环境中，具身智能可以提高训练速度、降低训练成本，并可以提高整个训练阶段的安全性。在本节中，我们将重点介绍在模拟器中训练具身智能体。

一、模拟器及其发展

在科幻电影《失控玩家》中，主角作为生活在开放世界游戏《自由城》中的非玩家角色（Non-Player Character，简称 NPC），在重复无趣的生活中逐渐诞生出自主意识和行动能力，经历了一系列惊险而有趣的冒险后，最终成为救世英雄。虽然这只是一部电影，但是它折射出了在虚拟现实世界中诞生杰出智能体的可能性。

研究人员长期以来都希望为智能体创建逼真的虚拟世

界，从而进行探索，而虚拟现实（Virtual Reality）技术等相关产业的发展，以及电影、视频和游戏行业的进步都推动了这一历程。最具代表性的成果之一是 2017 年，由艾伦人工智能研究所的计算机科学家构建的名为 AI2-Thor 的模拟器。在这个模拟器中，智能体可以在厨房、浴室、客厅和卧室等模拟场所徘徊。借助这一模拟器，智能体可以获取各个角度的空间视图，也可以观察随时间变化的动态视图。在这样的模拟世界中，智能体可以完成各种全新任务，例如识别物体、与物体互动等，甚至拿起物体寻找目标地点将其放下，这些任务对于智能体理解环境都十分重要。[①]

到了 2018 年，OpenAI 的研究人员证明了从模拟到真实世界的技能转移是可能的，这使得许多机器人学家开始更认真地对待模拟器。他们训练了一个机器手臂来操作一个只在仿真中见过的立方体。最近取得的成功案例包括让飞行无人机学会避免空中碰撞、让自动驾驶汽车在两个不同大陆的城市环境中行驶，以及让四足狗形机器人在瑞士阿尔卑斯山完成一小时的徒步旅行。

而就在同一年，Meta（前身为 Facebook）的人工智能研

[①]　参考自 https://www.quantamagazine.org/ai-makes-strides-in-virtual-worlds-more-like-our-own-20220624/。

究院（FAIR）也推出了一个叫 Habitat 的仿真平台，用于研究机器人在室内环境中的导航和感知能力。通过 Habitat，机器人可以在高质量、高效率、高规模的三维场景中进行自主学习和测试，从而提升机器人的空间认知和移动能力。到了2020 年，FAIR 推出了 Habitat 2.0，它在原有的导航任务基础上增加了移动操纵（Mobile Manipulation）任务。这意味着机器人可以在环境中进行拾取、放置和移动物体等操作。不仅如此，Habitat 2.0 还引入了物理引擎，使仿真场景更接近真实物理规律，并且支持多模态感知，使机器人能够利用视觉、触觉、声音等多种信息做出决策。[①]

2023 年 10 月 20 日，Meta 进一步发布了可模拟真实环境的 Habitat 3.0 用于 AI 机器人训练。Habitat 3.0 是一个虚拟环境目录，包括办公空间、住宅和仓库等，用于训练和提升人工智能机器人在现实世界中的导航能力。这些虚拟环境利用红外捕捉系统精心构建，可以准确测量物体的形状和大小，如桌椅和书籍。研究人员可以在这些环境中训练机器人完成复杂的多步骤任务，要求机器人具备观察和理解周围环境的能力。

---

① 参考自 https://new.qq.com/rain/a/20231022A00SGC00。

更特别的是，Habitat 3.0 在现有功能的基础上，同时支持机器人和 VR 接入的虚拟人，这使人类和机器人能够在许多不同的任务中协作。例如，人类和机器人可以一起清理客厅或在厨房准备食谱。FAIR 表示，这为研究人类与机器人在各种现实任务中的协作开辟了新途径。FAIR 表示，Habitat 3.0 中的人形化身非常逼真，步态和动作自然，可以实现最逼真的低级和高级互动。[①] 在 Meta Connect 2023 大会上，FAIR 展示了一个基于 Habitat 3.0 开发的演示系统，它可以让用户通过 Oculus Quest 2 进入一个由机器人和头像共同构成的虚拟家庭环境，并与之进行协作和交互。用户可以指导机器人打扫房间、做饭等，并通过语音或手势与之沟通。

除了 Habitat 外，表 3-2 还列举了一些其他模拟器及用于构建模拟器的工具。

表 3-2　部分模拟器及模拟器构建工具

模拟器 / 构建工具	介绍
Gazebo	Gazebo 是一款免费开源的机器人模拟器，支持多物理引擎，可用于模拟复杂环境下机器人的设计和测试。由 Open Robotics 运营，它允许用户创建一个虚拟的世界，并将机器人的模拟版本加载到其中，进行各种传感器和数据交互的模拟

① 参考自 https://www.cnbeta.com.tw/articles/tech/1391271.htm。

续表

模拟器 / 构建工具	介绍
Unity ML-Agents	Unity ML-Agents 是 Unity 推出的一个机器学习库和模拟器，允许研究者和开发者在 Unity 游戏和仿真环境中训练智能体。它支持多种学习算法，包括强化学习、模仿学习等
CARLA	CARLA 是一个开源自动驾驶模拟器，提供真实城市环境以及交通元素，用于测试自动驾驶感知、决策和控制，包含城市布局、建筑、车辆等免费数字资产和相关模拟工具，支持传感器配置、环境控制以及地图创建等功能
AirSim	AirSim 是由微软研究院开发的一个开源模拟器，主要用于无人机和自动驾驶汽车的研究，它拥有高质量的环境渲染和物理精确度
V-REP (CoppeliaSim)	V-REP，现更名为 CoppeliaSim，是一个机器人仿真平台，支持多种传感器、机器人模型和编程语言，它被广泛用于机器人算法的开发和测试
SUMO	SUMO 是一个开源的交通仿真软件，用于模拟城市中的交通流量。它能够帮助研究者分析交通策略、交通工程和自动驾驶技术的影响
MuJoCo	MuJoCo 是一个高效的物理引擎，专为模拟具有复杂动力学和接触的机器人及生物机械系统设计。它在机器人学和强化学习研究中被广泛使用
PyBullet	PyBullet 是一个用于机器人学、仿真和强化学习的物理仿真库。它基于 Bullet 物理引擎，提供了高级接口用于创建和操纵复杂的三维动力学场景

二、模拟器的技术特征及训练方法

在论文《具身人工智能综述：从模拟器到研究任务》（*A Survey of Embodied AI: From Simulators to Research Tasks*）中，一个模拟器的技术特征被划分为七个维度：环境、物理系统、对象类型、对象属性、控制器、动作系统、多智能体。[①] 下面我们将分别对这些内容进行介绍。

- **环境**：环境其实可以看作训练人工智能时的数据集，只不过它通常是以一个具体的场景形式呈现，这个场景可以是房间、草坪、山野等，主要用于模拟具身智能后续实际工作的场景。常见的构建方法包括基于游戏的场景构建和基于世界的场景构建。在许多游戏中，拥有逼真的环境模拟，使用基于游戏的场景可以有效地降低环境的构建成本。而基于世界的场景通常采用扫描真实世界进行复刻的方式进行实现，虽然成本较高，但可以获得更高的保真度和现实世界的模拟表示。

---

① 参考自 Duan, J., Yu, S., Tan, H. L., Zhu, H., & Tan, C. (2022). A survey of embodied ai: From simulators to research tasks. IEEE Transactions on Emerging Topics in Computational Intelligence, 6(2), 230–244。

- **物理系统**：在模拟的环境中，通常需要为模拟物体和世界配备相应的物理属性，包括碰撞、重力、刚体／软体／流体特征等。通常基于游戏的模拟环境中会自带物理引擎，而对于一些复杂的物理交互则需要自主研发相应的物理模块。

- **对象类型**：对象类型主要描述的是在模拟器中一切虚拟对象的来源，通常分为两类：数据驱动对象和资产驱动对象。数据驱动对象通常来自现有的对象数据集，而资产驱动对象则来自网络，如一些游戏资产商店。因而基于游戏的场景构建常常采用资产驱动对象，基于世界的场景构建常常采用数据驱动对象。

- **对象属性**：描述对象交互属性的细致程度，如是否能够碰撞反馈，是否能够发生像鸡蛋碰撞物体后会碎掉这样的状态改变。

- **控制器**：用户连接模拟器的接口类型，例如 Python 接口、机器人接口、VR 接口等。

- **动作系统**：可以通过 VR 的环境实现的动作操作。

- **多智能体**：是否能支持多个智能体的协作与交互。

在构建完具备以上不同技术特征后的模拟器后，就可以进行 Sim2Real 的训练。能够实现这一点的训练方法有很多，下面我们介绍三种容易理解的方法。[①]

1. 领域自适应方法

领域自适应方法（Domain Adaption）能够帮助模型从源领域环境学习，但在另一个不同但相关的目标领域进行有效的工作。而在 Sim2Real 任务中，源领域就是虚拟世界，而目标领域就是现实世界。简单来说，就是学习一个模拟环境以及现实环境共同状态到隐变量空间的映射。这里如果用学习开车打比方，现实开车和模拟世界开车中车速和方向盘的位置就是"共同状态"，而我们怎么感受游戏中的速度和方向，以及我们怎么控制它们，就是映射到了我们的感知里，也就是"隐变量空间"。当智能体在模拟器中学习到的感知应用在现实世界中，其实就完成了 Sim2Real 的过程。

2. 领域随机化

领域随机化（Domain Randomization）的核心思路是在

① 参考自 Zhao, W., Queralta, J. P., & Westerlund, T. (2020, December). Sim-to-real transfer in deep reinforcement learning for robotics: a survey. In 2020 IEEE symposium series on computational intelligence (SSCI) (pp. 737–744). IEEE。

模拟环境中创建了许多不同的场景和条件，目的是使得模型能学会处理各种情形。这种随机化可以包括物体的大小、形状、颜色、光线条件，甚至物理引擎中的参数。因此，当模型最终在现实世界中使用时，它会见过足够多的变化，从而可以更好地泛化。

3. 系统识别

系统识别（System Identification）的核心思想是精确地模仿现实世界的条件。这意味着要认真测量并模拟真实世界中的物理属性和环境条件，以便模拟环境能够尽可能接近真实世界。这样，经过模拟训练的模型在迁移到现实世界时，所见即所得。不过，当前构建一个足够逼真的模拟世界还有不小的挑战。

第四章

具身智能与自动驾驶

自动驾驶汽车是主动安全性的自然延伸，是我们显然应该做的事情。

——埃隆·马斯克（Elon Musk）

不知道你在观看科幻电影时是否屡屡看到这样的画面：蜿蜒的立体高架环绕在城市周围，数不尽的自动驾驶的飞行汽车在城市中穿梭。当人们把"未来"与"城市"两个词组合在一起时，总是会忍不住联想到马路上高速飞驰的汽车。

当然，目前的我们距离飞行汽车的普及还比较遥远，但自动驾驶却已经在我们身边。自动驾驶天然与具身智能相联系，汽车本身就是具备的身体，而自动驾驶需要依靠人工智能来实现。在本章中，我们将为大家详细介绍自动驾驶这一个与具身智能关系密切的领域。

第一节　自动驾驶：具身智能领域的"明珠"

　　自动驾驶技术如今已不是个新鲜词汇了，但除了让汽车不需要驾驶员就可以在马路上行驶，我们需要了解的还有更多。本节将向各位读者介绍自动驾驶的相关概念，为各位读者揭开这一具身智能领域"明珠"的全貌。

一、什么是自动驾驶

　　广义的自动驾驶又被称为"汽车驾驶自动化系统"，它并不是个单一的定义标准，而是具有一系列分为不同级别的功能定义和判断标准。类似于我们常常用英语四六级去衡量一个人的英语水平一样，我们一般也会用不同的级别标准来衡量汽车的自动化水平。因此，当我们说一辆汽车是否具有自动驾驶功能，并不能简单地给出一个有或无的单一判断，而是需要对其分类讨论。

　　由于过去数十年美国一直走在现代自动驾驶技术探索的前沿，现今影响力最大、最为主流的分级方法由美国汽车工程师学会 SAE（Society of Automotive Engineers）制定，即自动驾驶分级标准（J3016）。后来，中国于 2021 年 8 月 20 日正式发布《汽车驾驶自动化分级》国家标准，该标准主体参考并沿用了 SAE 标准，但也结合国情进行了一定的调整。

无论是 SAE 标准还是国内标准，都将广义的自动驾驶功能根据自动化程度分为 0 级至 5 级共 6 个级别（如表 4-1 所示）。前三个级别（0 级至 2 级）是驾驶辅助功能，也就是说，虽然系统可以帮助驾驶员完成一些自动化工作，但驾驶员必须时刻注意车辆的情况，随时准备接管驾驶。而后三个级别（3 级至 5 级）则是狭义的自动驾驶功能，这时候系统基本可以在一定程度上接管车辆的驾驶任务。

判断一辆汽车属于哪个级别，我们主要看以下四个方面。

- 车辆的横向和纵向运动控制：谁来负责车辆的转向和加减速。

- 目标和事件的探测与响应：谁来观察周围环境并做出反应。

- 动态驾驶任务接管：遇到突发意外和难以处理的驾驶状况，谁是最终负责人。

- 设计运行条件：也就是自动驾驶功能能够在什么样的条件下启用。

这些标准和级别让我们更清晰地了解自动驾驶技术的发展和应用，也帮助我们更好地评估其安全性和可靠性。

表 4-1 《汽车驾驶自动化分级》(GB_T 40429-2021)

分级	名称	车辆横向和纵向控制	目标和事件探测与响应	动态驾驶任务接管	设计运行条件
0 级	应急辅助	驾驶员	驾驶员及系统	驾驶员	有限制
1 级	部分驾驶辅助	驾驶员和系统	驾驶员及系统	驾驶员	有限制
2 级	组合驾驶辅助	系统	驾驶员及系统	驾驶员	有限制
3 级	有条件自动驾驶	系统	系统	动态驾驶任务接管用户（接管后成为驾驶员）	有限制
4 级	高度自动驾驶	系统	系统	系统	有限制
5 级	完全自动驾驶	系统	系统	系统	无限制（排除商业与法规限制）

我们先来具体介绍 0 级至 2 级的辅助驾驶功能。在这些级别中，常见的 0 级自动驾驶主要是各种预警功能，比如车道偏离预警、碰撞预警等，这时的系统不能直接控制车辆，只能提供给驾驶员一些参考的信息。而 1 级自动驾驶则能够部分控制车辆，可能会控制转向或者加减速，但不能同时控

制横向和纵向运动。过去十年，在燃油车上已经可以看到 1 级自动驾驶功能的应用，比如定速 / 自适应巡航、车道保持等。至于 2 级自动驾驶功能，它已经可以完全控制车辆，但要求驾驶员时刻保持驾驶状态，系统可能随时发生出错失效而不承担任何责任。大部分现有量产车型的自动驾驶功能都处于这个级别，包括造车新势力们推出的一些最新功能，比如"从车位到车位"和同时适用于高速和城市道路的领航辅助驾驶功能。尽管这些功能在某种程度上可以减轻驾驶员的负担，但由于无法承担系统出错或失效造成的交通事故责任，严格意义上它们仍然被归类为辅助驾驶，而非真正的狭义自动驾驶。

从 3 级自动驾驶开始就进入狭义自动驾驶功能的范围，从 3 级开始的突出特征便是自动驾驶系统在法律意义上开始对行驶安全负责，即负责动态驾驶任务接管的角色开始从人类驾驶员转向系统。3 级到 4 级的区别主要体现在自动驾驶系统对完整动态驾驶任务执行的稳定性上。你可以把 4 级自动驾驶看作一个经过正式培训、可以被雇用的 AI 司机，而 3 级自动驾驶则更像是一个实习 AI 司机，表现还不够稳定。

在 3 级自动驾驶中，系统允许出现无法处理的驾驶情况，会要求驾驶员接管控制，但如果系统未能及时主动要求驾驶员接管（也就是系统没意识到自己无法处理），责任仍在系统身上。而4级自动驾驶则完全不再需要驾驶员接管，只要车辆仍在事先明确的系统设计运行条件内，即使面对棘手的复杂情况，系统也至少应该能将车辆安全停靠。从4级开始，汽车才能真正实现不再需要人类驾驶员，比如目前的无人驾驶出租车就是4级自动驾驶的典型例子。

而最终的5级自动驾驶功能和4级相比，主要区别在普适性上。对于4级而言，仍然需要定义一个具体的工作任务边界，如果超出系统功能约定好的设计运行条件，系统便无法被激活启用。而5级则不再限制设计运行条件，比如限定地理区域、天气状况、路面环境等具体的车辆行驶条件，相当于是一个超级全能的AI代驾司机，能够完成胜任各种情况的驾驶，是理想中的自动驾驶的终极形态。

二、自动驾驶是如何实现的

在理解了自动驾驶的定义与分类之后，接下来我们将带领读者一窥当前主流自动驾驶技术实现的具体方法与过程，看看自动驾驶技术的"肉体"和"灵魂"分别是什么样的。

自动驾驶技术的最终目标是创造能够取代人类司机的 AI 司机。如果我们将人类司机在驾驶过程中所需的各种能力和步骤进行比较，就可以更容易地分解和理解 AI 司机的实现方法和组成要素。

首先是作为"肉体"的自动驾驶硬件。和人类司机一样，AI 司机同样需要能够观察环境情况的"眼睛"（传感器）、能够传递感官信号的"神经"（通信网络）、能够完成思考决策的"大脑"（包含 AI 芯片在内的计算平台）、能够执行驾驶动作的"手脚"（执行器）。同时，就像人类司机有时需要接受交通调度中心或交通管理人员的指示一样，AI 司机也会需要云端服务器以及路端智能化设备的辅助，也就是车路协同方案。

而相比"肉体"，更重要的是作为"灵魂"的自动驾驶软件算法，同样可以类比人类司机的驾驶过程，主要分为感知、决策、控制三大部分。

构成 AI 司机灵魂运作的第一步是感知，它负责观察周围环境并提取与驾驶相关的信息，比如识别周围的物体、确定它们与车辆的位置关系，以及判断它们是静止还是移动的。感知模块一直是自动驾驶技术研发的一大难点，因为不同的传感器捕捉到的信号各有优劣，需要综合考虑，权衡取舍。除了感知外界信号，对车辆位置的感知也非常重要。AI司机需要知道自己当前的位置才能进行驾驶，这就需要系统对车辆进行定位。就像人类司机依靠观察路况和地图导航来确定位置一样，AI司机也有类似的方法。目前主要是通过综合三种定位信息来实现，包括卫星导航系统（比如GPS和北斗）提供的全球位置信息，基于传感器获取到的局部环境位置信息，以及在卫星信号不可用时，利用惯性导航装置对车辆空间位置姿态进行短期估计的惯性导航信息。最后，感知模块还需要对周围环境完成抽象建图，相当于动态实时绘制一份地图，判断哪些路面区域是可行驶的、车道线交通标识等交通规则信息是怎样的。

　　AI司机的"灵魂"完成第一步感知后，就进入第二步决策，主要包括预测和规划，其目的是形成一条安全高效的行驶路线和驾驶策略，最终传递给第三步的控制。交通，其实是一个动态博弈场景，包括汽车、自行车、行人，甚至动物等所有参与者自主移动交织在一起，需要对每个参与者的意图和行为轨迹进行预测，才能确保自己规划出的路线是安全可行的。预测之后，便需要规划AI司机自己的行驶路线和驾驶策略。预测和规划是紧密耦合的，整个决策环节往往面临复杂的实时动态多轮博弈问题，需要在极短的时间内快速反复循环迭代。

AI 司机灵魂运作的最后一步便是控制，即将上一步传递下来的驾驶指令准确无误、快速高效地传递给方向盘、刹车、油门等执行装置，最终完成对车辆横向（左右转向）和纵向（加减速）的控制。相比前面的环节，控制环节的技术更加成熟，也相对简单一些。这一阶段的主要技术包括将计算机软件算法语言转换成机械装置可以理解的控制指令，同时对执行效果进行评估和反馈，以保证上一步决策规划算法形成的行驶路线和驾驶策略能够准确及时地在物理世界最终执行。

三、自动驾驶之于具身智能

自动驾驶之于具身智能无疑是重要的，其重要性首先体现在"具身"上。在前面的章节中，我们有介绍"具身"的含义其实是具备一个身体，作为承载人工智能的"灵魂"而言，承载的身体必将是制造业中装配有电子设备的产品。纵观所有"身体"产品，按照其代表的经济价值总量（以销售金额计算的市场规模）排序，汽车在这些"身体"中高居榜首且遥遥领先。

根据国家统计局数据，2022年全国汽车销量约2 700万辆，汽车类零售总额约4.6万亿元，占社会消费品零售总额超过10%，全球市场规模为中国市场的3倍以上。而与之相对比，生活中最常见的另一种电子设备——手机，虽然全国年销量在3亿台左右，但销售均价仅有2 500—3 000元，因此整体市场规模为8 000亿—9 000亿元，不及汽车的1/5。此外，与汽车类似的交通工具也完全不能和汽车相提并论，以单价极高的飞机为例，单架民航客机的售价基本为数亿元至十几亿元，即使疫情之前全球每年交付量也仅1 000余架，整体市场规模仅约为汽车的1/10。哪怕将品种繁多的家电市场视为一个整体，将冰箱、空调、洗衣机、电视机、各类厨卫家电、清洁个护家电都算在一起，过去几年的全国销售总规模也仅不到9 000亿元，和手机市场规模接近，同样不及汽车的1/5。

从上述对比中我们不难看出，汽车产业是当之无愧的现代制造业之王，它同时要求具备超大规模的生产能力、复杂且先进的技术要求、高效敏捷的产品化和商业化能力，可以说基本代表了一个国家制造业综合能力的巅峰。比汽车单价高的制造业产品，其产销量都会比汽车少不止一个数量级，而比汽车产销量大的制造业产品，其单价又会比汽车低一个，甚至更多个数量级。从汽车开始大规模普及的 20 世纪 20 年代开始，一直到今天为止，人类社会尚未出现其他任何一种制造业产品能够挑战汽车在经济价值上遥遥领先的地位。而自动驾驶作为以汽车为"身体"的具身智能应用场景，无疑配得上"明珠"之称。

刚刚谈及了具身视角，而从智能视角上，自动驾驶也担得起"明珠"的称谓。在前面的章节有谈到，具身智能的成熟形态，应该具备完整的具身感知、具身认知和具身执行能力。而实现自动驾驶的感知、决策和控制环节其实就与这三种能力相互对应。感知环节自不用说，决策环境的决策依据和策略其实来自过去的训练或者说积累的认知，而控制环节中汽车实现的各种形式的移动其实就是汽车执行具体任务的体现。当自动驾驶的技术走向成熟时，也象征着具身智能在某一特定应用场景的成熟，并且，这一场景背后还是具有庞大经济价值的汽车产业。汽车产品的高单价能够支撑昂贵的智能化设备，实时变化的行驶环境能够带来丰富的交互数据，复杂的交通路况与参与者需要最强大的算法支持，这些都天然使自动驾驶技术成为当今具身智能之集大成者。因此，在过去十年，自动驾驶是全球范围内具身智能领域获得人才供给、资本投入、政策支持最多且最大的细分领域之一，整个自动驾驶赛道融资额累计超过 3 000 亿元[1]，出现过多家估值或市值突破千亿元的创业公司。

第二节　自动驾驶技术的发展

从 21 世纪初的三届国防高级研究计划局（DARPA）挑战赛开始，到以谷歌为代表的众多科技公司的加入，自动驾驶在当下已成为科技圈频频讨论的热门话题。但仅仅了解今天的火热还远远不够，回溯往日的发展历程和眺望未来的发展方向也十分重要，我们在本节中将对此进行介绍。

一、自动驾驶技术的发展历程

尽管自动驾驶技术一直处于当今科技的前沿，但人类对自动驾驶汽车的研究其实已有近百年的历史，甚至早于计算机的出现。接下来，我们将按照时间顺序回顾自动驾驶技术

---

[1] 参考自 https://mp.weixin.qq.com/s/JJVP6YlLbpfxb2lDgS6m_w。

的发展历程，并根据不同时期的主导力量将其划分为三个阶段。

1."幼年"（20 世纪 60 年代之前）：天马行空的萌芽时代

如果我们把汽车的定义扩展到运载工具，那么可自主移动车辆的雏形可以追溯到三国时期诸葛亮发明的"木牛流马"，其中有一种说法描述它是利用磁铁同性相斥特性，在四川磁铁矿区运输粮草的木制运载车辆。再往后看，15 世纪，达·芬奇设计了一种由发条驱动、使用齿轮"编码"预设行驶路线的"自动驾驶"三轮车。然而，更符合现代定义的自动驾驶汽车，要等到 20 世纪初汽车成为大众交通工具后才出现。

1925 年，汽车开始了从机械化向自动化的第一次尝试，当年在美国纽约的街头出现了一辆"无人驾驶"的 Chandler 牌轿车，吸引了上千人驻足观看。由于那时连计算机都尚未出现，自然不可能使用人工智能来操控车辆，其利用的是无线电这一当时的尖端科技——在前车安装无线电遥控装置控制，紧跟着的后车通过发电报遥控驾驶。虽然这台遥控汽车并不能算严格意义上的自动驾驶汽车，但这一事件在当时引起了非常大的轰动，这台车也被命名为"美国奇迹"

（American Wonder）。在之后的 20 世纪 30 年代至 40 年代，一位无线电技术爱好者开着无线电遥控车在美国 37 个州完成了巡演，媒体将这种改装车称为"幻影汽车"并大肆报道，成为那个年代自动驾驶汽车的代表作。

1939 年，在纽约世博会上，通用汽车带来了极具科幻感的高速公路微缩景观《未来世界》（Futurama），向世人展示了另一种实现自动驾驶汽车的思路——车路协同，即通过对道路基础设施进行改造（如在路面下铺设电磁线圈），使汽车可以通过传感器接收反馈信号以保持合适的运动轨迹，并设立通过无线电通信统一调度引导车流的交通控制塔台，从而在高速公路上实现自动驾驶。在之后的 1950 年，通用汽车联手美国无线电公司实际建设了一条长约 400 英尺（约 122 米）的测试高速公路，并同步推出了可在该段测试公路上自动驾驶的"火鸟"（Firebird）车型。然而，由于建设成本昂贵的天然致命弱点，这个方案也最终停留在了概念测试阶段。

虽然这些在自动驾驶的"幼年"时期出现的天马行空的技术方案如今看起来十分原始和不靠谱，但充分激发了人们对于自动驾驶汽车探索的热情，成功推开了自动驾驶事业快速发展的大门。

2."少年"（20世纪70年代—2007年）：政府主导的科研竞赛时代

20世纪70年代，现代计算机的出现将包括自动驾驶在内的人工智能技术整体带入了全新世界，摩尔定律驱动下的计算机技术飞速发展，推动了新一轮技术革命的浪潮。此时的自动驾驶开始进入"少年"时期，就像少年儿童进入正规学校接受系统教育一样，由政府主导的自动驾驶科研项目开始强力推进，日本、美国及欧洲各国你追我赶，自动驾驶进入"正规军"时代。

1977年，日本通产省（现经产省，相当于我国的工信部）下属的机械工程实验室开发出了一台具备障碍躲避能力的试验车，成功夺取了现代意义上第一辆自动驾驶乘用车的桂冠。通过在车头安装的两台摄像机和一个信号处理器，现代自动驾驶的基石技术之一 ——计算机视觉第一次被用在了自动驾驶领域。当时的决策算法相对简单，系统内预置了256种场景与输入的信号值，只需要像查字典一样就能查找到对应的控制策略。凭借这套系统，试验车可以保持30千米/小时[①]的速度自动驾驶。

---

① 参考自 https://baijiahao.baidu.com/s?id=1708854304331912768。

1983 年，受到日本突飞猛进的信息技术能力刺激，美国政府决定拨给 DARPA 一大笔经费，全力推动"战略计算计划"（Strategic Computing Initiative），利用人工智能为海、陆、空军研发三套军用产品，其中陆军的产品为自主陆地车辆（Autonomous Land Vehicle，简称 ALV），即军用自动驾驶车辆。在 ALV 项目中，激光雷达被首次装上了自动驾驶车辆用于识别障碍物特征，在最终的测试中，ALV 能够绕过沟壑、陡坡等多种不利地形，也能绕过垃圾桶等障碍物，并达到 20 千米 / 小时的最高时速。参与 ALV 项目的卡内基梅隆大学在项目结束后持续改进，率先引入已在当今自动驾驶中广泛使用的神经网络技术，并在 20 世纪 90 年代拿到美国国防部科研经费。

1987 年，按捺不住的欧洲也在"尤里卡计划"①中启动了普罗米修斯项目，其中涵盖了从自动驾驶到智能交通的一系列子项目，慕尼黑联邦国防军大学、戴姆勒奔驰、宝马、沃尔沃、大众、博世等超过 200 家机构及企业直接或间接参与了该项目。当年戴姆勒奔驰推出了采用纯视觉方案的

---

① 尤里卡（EURECA）是欧洲研究协调机构的名称缩写，成立于20世纪80年代，当时面对美国、日本日益激烈的竞争，17 个西欧国家联合制定了一项在尖端科学领域内开展联合研究与开发以保持欧洲国际竞争力的计划，即"尤里卡计划"。

VaMoRs 自动驾驶汽车，最高时速达到了 96 千米 / 小时，各项技术指标大大超过了 ALV。1994 年，安装了进一步升级改进后的纯视觉方案的两台奔驰 S500，甚至跑出了 130 千米 / 小时的速度，自动驾驶总行程达上千千米。

2004—2007 年，政府主导的科研竞赛时代已达到高潮，其中的标志性事件就是美国举办的三次 DARPA 挑战赛。该挑战赛由 DARPA 发起赞助，希望推动自动驾驶技术快速应用，以此来有效降低美军在阿富汗和伊拉克战场上的伤亡率。头两届 DARPA 挑战赛的任务均是在沙漠中在 10 小时内依靠自动驾驶行驶 230 千米，冠军将获得 100 万美元奖金，第三届挑战赛则是在有移动障碍车出没的城市道路 6 小时行驶 96 千米。在这三届挑战赛的主流技术方案中，GPS 定位成为标配，"摄像头 + 激光雷达"的感知方案也成为主流选择。

3. "青年"（2009 年至今）：产业主导的商业化探索时代

经过政府 30 多年的推动发展，自动驾驶在"少年"时期已经形成了完整的理论与技术框架，但成果依然主要局限于学术科研领域。而从自动驾驶的"青年"时期开始，社会资本将接棒政府，开始将自动驾驶技术真正产品化、商业化，虽然产品尚未完全成熟，但已经开始渗透普通人的日常生活，我们迄今仍在见证这个时代。

2009 年，全球搜索引擎巨头谷歌成为第一个正式成立自动驾驶业务单元的大型科技企业。谷歌于当年正式启动无人驾驶出租车项目（现已成为独立运作的子公司 Waymo），计划在未来替代有人驾驶的传统出租车。这一业务的主要成员正是来自 DARPA 挑战赛上的优胜队伍。现在，Waymo 的无人驾驶出租车已经在美国多座城市的市区道路上开始探索商业化运营。

2013 年，当今全球最大的智能驾驶系统供应商 Mobileye 成立于以色列，该公司专注于开发计算机视觉技术，并将其应用于高级辅助驾驶系统，其产品已经服务于数以百万计的乘用车。同年，中国最大的搜索引擎公司百度也建立了无人驾驶车项目，后来经过不断的技术迭代，沉淀为自动驾驶开放平台 Apollo。

2015 年，全球智能电动汽车龙头企业特斯拉推出第一代自动驾驶辅助系统 Autopilot 1.0，成为全球第一家把能够同时控制加减速和转向的自动驾驶系统搭载到商业化量产销售车型的车企。如今凭借全球规模最大的具备自动驾驶系统的车队所积累的远超他人的自动驾驶数据以及持续的自动驾驶技术研发投入，特斯拉已经发展成为全球自动驾驶技术的领头羊企业之一，在以谷歌 Waymo 为代表的无人驾驶出租车技术路线之外，探索出了一条新的技术迭代道路。

受到特斯拉通过注重以自动驾驶为代表的汽车智能化研发获得巨大产品竞争优势的启发与鼓舞，2015 年之后，以"蔚小理"（蔚来汽车、小鹏汽车、理想汽车）为代表的国内造车新势力也均将自动驾驶技术视为必须坚定投入乃至全栈自研的核心竞争力。自此，我们见证了不同功能等级的自动驾驶技术在量产销售汽车产品上的快速应用。

而来到 2024 年，我们可以看到百度旗下"萝卜快跑"自动驾驶出租车在武汉等城市的出行服务运营引发了全网热议；马斯克宣布特斯拉自动驾驶出租车预计 2024 年内全球可用。或许，我们已经离自动驾驶技术全面普及的时代不远了。

二、自动驾驶技术的发展分歧

进入"青年"时期以来，为了成熟落地无须人类司机的自动驾驶（4 级以上的自动驾驶功能等级），在实现目标的路径选择上，行业呈现出"八仙过海，各显神通"的局面，也存在着一些对于自动驾驶技术未来发展的分歧。

1. 技术迭代路径：渐进式 VS 跨越式

第一个分歧是技术迭代路径。为了研发出成熟稳定、可规模商用的 4 级以上的自动驾驶系统，有两种升级打怪的迭代路径。

一种是渐进式，即从相对基础、难度较低的辅助驾驶（0 级至 2 级自动驾驶功能）入手，从易到难、从低到高逐步实现不同级别的自动驾驶功能。希望靠较低等级的自动驾驶功能率先投入规模商用，获得更多的数据和各类其他资源，从而为突破更高级别的自动驾驶打好基础。该路线强调稳扎稳打、逐步迭代，不要求一步到位实现 4 级自动驾驶。渐进式的代表企业主要是特斯拉和最近几年崛起的造车新势力车企，追求快速可商用。

另一种是跨越式，即直接从无须人类驾驶员的 4 级自动驾驶开始研发，追求一步到位，从实验室测试到实现规模量产的整个研发过程都不会将技术要求降级，不追求"过渡态"的自动驾驶功能。跨越式的代表企业主要包括互联网科技巨头（谷歌 Waymo 和百度 Apollo）以及绝大部分自动驾驶初创公司，与车企卖车为主的定位不同，该类企业追求颠覆式创新，因此选择直接以全无人自动驾驶为产品形态。

2. 感知方案：纯视觉 VS 多传感器融合

在自动驾驶的感知方案中，纯视觉和多传感器融合是两种不同的策略，各自有不同的优缺点，不同企业一般根据自身对产品技术的理解和资源禀赋来选择不同的发展路径。

纯视觉方案仅依赖摄像头采集环境信息，类似于人类驾驶员通过眼睛来感知周围环境。优点是实现成本远低于融合传感器方案，且摄像头通常具备高分辨率、高帧率的成像技术，获取的环境信息非常丰富。而这种方案的缺点是容易受到环境光的干扰，图像处理能力非常依赖大规模数据的深度学习训练，以及仅依赖单一传感器可能存在环境感知的"死角"，增加失效风险。代表企业是一向追求极致成本控制与技术泛化能力的特斯拉，目前特斯拉在纯视觉方案上的技术积累在全球范围内一骑绝尘、遥遥领先。

而多传感器融合方案结合了多种传感器，如摄像头、毫米波雷达、激光雷达等，各类传感器共同收集车辆周围环境信息，其中最核心的传感器是激光雷达。这种方案的优点是激光雷达作为一种主动传感器，通过发射激光进行主动探测，可以不受环境光影响，获取更准确的三维空间信息。缺点是激光雷达成本远超摄像头，二者成本相差 1 至 2 个数量级，而且硬件的可靠性和成熟度目前仍不理想，也容易受雨雪雾等天气因素影响。除特斯拉以外，其他自动驾驶公司几乎都以多传感器融合作为主要感知策略，特别是对于 3 级以上的高级别自动驾驶场景。

3. 交通基础设施：单车智能 VS 车路协同

对于是否利用，甚至依赖智能化交通基础设施提供的信息，单车智能和车路协同是两种不同的发展策略。

单车智能是传统的主流自动驾驶技术策略，侧重于单一车辆自动驾驶能力的完备性，即自动驾驶车辆依靠自己解决一切问题。无论是感知，还是决策规划，都完全依赖车辆自身的软硬件及其采集到的数据信息。这一种方案的优点是对交通基础设施的要求低、道路适应性强，无须对道路基础设施做智能化网联化改造。

而车路协同则是具有中国特色的方案，目前也在国内市场大力鼓励推广。车路协同的理想模式是充分打通整合车辆和道路基础设施的数据信息，通过车—车通信（V2V）、车—基础设施通信（V2I）、车—互联网通信（V2N）和车—行人通信（V2P）等方式来获取超视距或非视距范围内交通参与者的状态和意图，最终实现整体全知全能的智能化交通管理系统。这种方案的优点是如果最终实现，将有望最大限度提升道路交通安全性，提高交通运行效率，解决城市交通问题。但缺点是需要对道路基础设施做大规模的智能化、网联化改造，涉及大量的基础设施投资，综合成本远超单车智能。

4. 模型架构：模块化经典架构 VS 端到端大模型

对于自动驾驶的模型架构，模块化经典架构和端到端大模型分别代表了两种不同的设计思路，如图 4-1 所示。

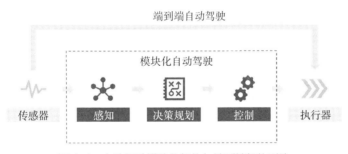

图 4-1 自动驾驶模块化架构与端到端架构对比

模块化经典架构是当前最主流、应用最广的自动驾驶模型架构，前面在自动驾驶的技术实现部分中介绍的也是这种架构。模块化架构采用分离的、相对独立的模块来处理不同的任务。每个模块专注于解决特定的问题，如感知、定位、路径规划和控制等。这种模块化架构具有可理解性强、易于调试、模块替换灵活等优点。同时，每个模块也可以由专业团队独立开发和优化。

端到端大模型架构则是近期快速兴起，并有蔚然成风之势的新兴架构。端到端大模型的思想是将整个自动驾驶系统作为一个单一的、端到端的神经网络模型进行学习。这意味着一个模型负责处理所有任务，不再区分感知、决策、控制，而是直接从输入传感器信号到输出执行器信号，没有中间步骤。这种架构以使用有针对性的超大规模数据训练为特点，以前在模块化经典架构下，模型出问题是由算法工程师写代码来解决，现在是靠给模型针对性地"喂"数据来解决。端到端架构的优势在于能够更好地适应复杂的、不确定的环境，而不需要手动设计复杂的规则或特征提取器。端到端架构具有巨大的潜力，但当前仍然面临很多未解决的问题，致使其目前仍无法取代主流的模块化架构。

三、自动驾驶技术的应用推广瓶颈

相信通过前述介绍，读者已经对自动驾驶技术有了较为全面的了解。在第二节的最后，我们再来分析一下为什么自动驾驶技术经过几十年的发展迭代，却至今尚未大规模取代人类司机。主要制约因素可以归纳为四个方面，按重要性从高到低依次为技术安全性、政策法规、方案成本、市场接受度。

技术安全性问题是制约自动驾驶技术推广应用的最根本因素，其余三个因素都可以被认为是针对该问题而延伸出来的制约因素。虽然自动驾驶的终极理想是让道路交通安全性得到彻底改善，但是在技术完全成熟之前，安全性问题一直是自动驾驶技术最大的挑战。一辆失控的汽车就是马路上的移动杀人机器，汽车场景天然对安全问题的容错率极低，但场景内的环境确实是无限复杂的。只要行驶距离和时间足够长，道路上可能会出现任何物体、发生任何事情，这对自动驾驶算法的泛化能力（即处理未专门训练过的场景的能力）提出了极大的挑战。同时，汽车行驶的环境条件也非常严苛，可能面临高温、高寒、颠簸震动、沙尘、雨水等多种不利因素，行驶时自动驾驶硬件出现故障也可能非常危险。因此，对于自动驾驶系统的硬件设备要求也远超对于计算机、手机等消费电子产品的要求，需要达到非常可靠耐用的车规级。

然而，即使自动驾驶能够做到和人类司机一样水平的安全性，自动驾驶仍然无法获得大规模推广，因为从社会心理

ance_:

来看，当面临可能致命的威胁时，人类对机器的宽容度显然远低于对人类自己的宽容度。从统计数据上看，我国每年因交通事故死亡的人数达数万人，但社会显然难以接受全国每年因自动驾驶导致的交通事故造成数万人死亡，这意味着自动驾驶需要被证明具有比人类司机数倍甚至数十倍的显著优势才可能被广泛接受。

在解决了技术安全性之后，剩下的三个因素的解决其实就是时间问题。政策法规虽然从静态来看是一种硬性制约条件，但从动态发展的视角来看，政策法规是随着技术安全性的进步而逐渐有序放开的，长期看并非真正意义上的制约因素。

而对于方案成本也是同理，目前的软硬件成本相对高昂也是因为尚未实现标准化和规模化，未来伴随落地应用的规模提升，成本一定会降到合理水平。实际上，在过去十年，主流4级自动驾驶方案的整体成本已经下降了90%以上。

作为最后一个因素的市场接受度，主要体现的是大众消费者的心理认知，当技术安全性、政策法规、方案成本等问题都被解决后，市场接受度问题也会随着时间逐渐被解决。大部分人都有从众心理。在技术安全性得到验证、政策法规已经放开、产品成本已经合理的状态下，总会有消费者愿意尝鲜，从而带动其周围的消费者逐渐加入，最终绝大部分人都将能够接受自动驾驶。

相信在不远的未来，我们就能共同见证瓶颈被解决、自动驾驶被广泛应用的那一天。

第三节 自动驾驶技术的应用前景

在了解完自动驾驶的发展历程、方向和制约因素之后，相信不少读者都会关心自动驾驶技术的核心应用价值和应用方向究竟在哪里，本小节将对此进行详细介绍。

一、自动驾驶技术的应用价值

自动驾驶技术的应用价值主要体现在提升道路交通安全性、提升出行运输服务的经济性、改善道路交通效率三个方面，下面我们来一一进行介绍。

1. 提升道路交通安全性

自动驾驶能够给人类社会带来的最重要价值，便是有望大幅提升道路交通安全性。据世界卫生组织《2023 年全球道路安全状况报告》统计，全球每年有约 120 万人死于道路交通事故，道路交通伤害已经成为全球第十二大死因，并且在 5—29 岁人群的死因中位列第一。[①]而我国的交通安全数据同样不容乐观，2018—2022 年交通事故每年发生的次数均超过 20 万次，年均死亡人数超过 6 万人，[②]道路交通伤害已成为我国儿童意外伤害的第二大死因。

而根据由中汽中心发起的中国交通事故深度调查项目，对从 2011 年启动至今长期追踪积累的国内交通事故案例进行汇总分析，发现在所有乘用车事故案例中，驾驶员人为因素导致的事故占比约为 81.5%，机动车因素（如机械故障）和环境因素（包含其他交通参与者、天气和路况等）导致的事故占比仅为 18.5%。而在驾驶员人为因素导致的事故中，完全能够避免的驾驶员主观错误（如未遵守交通规则、酒驾、疲劳驾驶等）占比高达 79.9%，驾驶员能力受限（如未保持足够安全距离、驾驶熟练度低导致误操作等）占比仅为 20.1%。

在自动驾驶技术真正成熟、可规模商用之后，理论上这

---

① 参考自 https://roll.sohu.com/a/744881547_468661。
② 参考自历年《中华人民共和国道路交通事故统计年报》。

些驾驶员的人为因素，特别是驾驶员的主观错误导致的事故将完全杜绝。因为 4 级以上的自动驾驶系统不需要人类驾驶员，可以杜绝人类驾驶中的疲驾、酒驾等危险行为，并严格遵守交通规则，不会再有人为主观错误出现。不仅如此，自动驾驶系统还可通过在车上和路侧安装的多种传感器的融合协同，对周围环境进行无死角全天候感知，提前规避风险，有效降低事故发生率。最后，自动驾驶算法驱动的 AI 司机具有强大的学习能力，任何一辆车遇到的罕见的、棘手的问题，都会在针对性解决后成为所有汽车的经验知识，学习效率与记忆能力远超人类驾驶员。综合以上信息，自动驾驶技术的成熟应用将能提升道路交通的安全性。

2. 提升出行运输服务的经济性

换一个更通俗的说法，所谓的提升经济性就是自动驾驶能帮我们省钱，打车运货都会更便宜。对于使用 AI 司机替代人类司机，人力成本其实是最直接的因素。人力成本通常是出行运输服务中的一个重大开支，在出租车、网约车业态中甚至能占到打车费用的 60% 以上；即使在其他成本占比更高的长途重卡货运服务中，司机人力成本也会至少占到 20%—30%。

　　除人力成本之外，自动驾驶其实还有更多能帮我们省钱的地方。首先，自动驾驶可以提高车辆利用率，有效地规划路线、避免拥堵，并且更加方便地开展闲置、闲时汽车的共享服务。在车辆利用率提高之后，可以更好地分摊车辆购置和维护成本，也会降低每个乘客的服务成本。此外，在达成前面提到的提升道路交通安全性目标后，车辆维修和保险的平均成本也会减少。成熟的自动驾驶系统还可以避免人类司机的错误驾驶习惯，通过更智能的车辆控制来优化燃油或电池利用效率，从而降低能源使用成本。最后，自动驾驶汽车甚至还能减少停车需求，如果愿意将自动驾驶的私家车在你上班或睡觉的时间段对外提供共享出行服务，在帮你赚钱补贴家用的同时，还能顺便减少很多停车费用和寻找停车位的时间成本。

3. 改善道路交通效率

　　随着社会经济发展，交通拥堵已经成为日益严峻的城市治理难题，从一线城市到四五线城市都在面临越发严重的交通拥堵问题，而自动驾驶的广泛应用则可以有效改善拥堵情况，进而提升道路交通效率。

　　作为一种无须人类驾驶员的技术，诸如低速占位行驶、路口抢行、路口"顶牛"等人类行为造成的拥堵，基本上可以被避免。与人类驾驶汽车相比，自动驾驶汽车将严格遵守道路交通规则，避免不必要的变道、刹车、加速等动作，保持合理的车距和车速，从而提高道路通行效率。除了人为因素造成的拥堵，交通事故是造成拥堵的另一大原因。而自动驾驶系统进入成熟期后，其强大的感知与计算能力可以有效处理突发事件，其响应速度可达到人类驾驶员的 50 倍甚至 500 倍以上，来大幅减少交通事故造成的拥堵。最后，自动驾驶汽车天然是智能网联汽车，可以更方便地实现车与车、车与路、车与云端之间的信息交换和共享，实现所有道路车辆的协同控制，从整个交通系统的角度全面优化交通流量引导、交通信号控制、应急事件处理等多种交通管理任务，综合提升交通效率。

二、自动驾驶技术的应用潜力

想要了解自动驾驶技术的潜力，首先应该看看自动驾驶技术可以应用的各类潜在市场究竟有多大。为此，可以粗略地将自动驾驶的全部潜在市场定义为基于汽车的移动出行市场，这里面包含了产品市场和服务市场两个主要模块。所谓的产品市场，指的是各类汽车产品市场，不包括飞机、轮船、轨道交通等其他交通工具；而服务市场，指的是基于汽车的各类载客、载货出行运输服务的市场。仅在国内范围，这些潜在市场的现有经济活动价值总额已经超过了 10 万亿元，下面我们拆分两个市场维度进行构成分析。

先看汽车产品市场的价值。如前文所述，现阶段国内汽车市场的销售规模每年为 4 万亿—5 万亿元，其中乘用车（包含轿车、SUV、MPV，以私家车为主）销售额约占 3/4，超过 3 万亿元，商用车（包含客车、货车、专用车，以营运车辆为主）销售额约占 1/4，超过 1 万亿元。

再来看运输服务市场的价值。汽车商业运输服务可以分为载客运输和载货运输两大类，服务市场的整体市场规模比产品市场要更大，全国每年的汽车运输服务交易金额可达 6 万亿—8 万亿元。汽车载客运输既包括人们经常使用的网约车 / 出租车打车服务和汽车租赁服务，也包括城市公交巴士、城际客运巴士等中大型客车运输服务，全国每年汽车客运服务的交易金额为 1 万亿—2 万亿元。而汽车载货运输包括快递快运、整车零担物流、同城配送等公路货运场景，也包括矿山、港口码头、工厂园区等封闭区域内部的运输场景，全国每年汽车货运服务的交易金额为 5 万亿—6 万亿元。

在这样的市场空间下，自动驾驶技术的应用潜力无疑是十分具有想象力的。不过，看待一项技术的应用潜力，不能仅仅看应用产业的市场空间，还需要看这个技术对于该产业文明进展的地位和价值。在汽车产业从诞生至今 100 多年的历史中，目前已知的最重要节点只有两个——第一个是 20 世纪 20 年代首次使用流水线技术生产出的福特 T 形车，让汽车从面向富豪的奢侈品变成面向大众的消费品，市场规模急剧扩张，奠定了汽车现在的工业皇冠地位；第二个就是未来 10 年将会全面迎来的无人驾驶时代，汽车在历史上首次不再需要人类司机，从交通工具成为移动空间。

在无人驾驶时代，将诞生真正意义上的具身智能汽车，上文中定义的超过 10 万亿元的基于汽车的移动出行市场将面临重构。在整个具身智能汽车生态的最底层，自动驾驶技术将针对不同的场景做出相应的工程化优化，既包括行驶在路上的中高速场景，也包括一些可能有移动需求的低速场景。届时由于不再需要司机，汽车已经成为可自主移动的全能空间或生产作业平台，汽车的功能与形态将出现巨大变化，以及大量围绕场景造车的汽车新物种。我们可能会在 10 年后的世界中随处可见移动酒店、移动影院、移动 KTV、移动按摩店等新一代线下商业门店，也会见到无人化自主执行任务的环卫车、消防车、巡逻警车、移动储能车等新一代专业／特种用途车辆，从而迎来一个极度繁荣的具身智能汽车生态。

三、自动驾驶技术的应用方向

由于自动驾驶在不同应用场景中的技术难点、供应链成熟度、商业模式都有所差异，因此在探究自动驾驶技术的应用方式时，首先需要根据不同的维度标准对各个场景进行分类，之后再根据自身的资源禀赋和市场判断来决定切入哪个应用场景。

对于识别自动驾驶应用场景的关键特征而言，有两个维度至关重要。第一个是行驶环境条件的复杂程度，也就是车在哪里以及如何行驶；第二个是车型和尺寸，也就是驾驶的是什么样的车。例如，我们可以针对这两个分析维度分别拆分定义出三种类型，从而以自动驾驶技术落地的视角评估当前传统业态的运输服务市场，如表4-2所示。具体而言，驾驶环境复杂度主要根据驾驶时速和驾驶环境开放程度两个方面分成三个类型，对应从低速到高速、从封闭到开放；驾驶车型规格大小按照车型尺寸分为三大类型，车型越大越重，控制难度越高。

表 4-2　自动驾驶应用场景评价

评价维度	级别 1	级别 2	级别 3
行驶环境条件	封闭区域道路 0 — 40km/h	市区开放道路 20 — 80km/h	城际高速路 80 — 120km/h
驾驶车型规格大小	小型车 / 乘用车	轻货 / 小巴	中重卡 / 中重巴

就驾驶环境条件而言，驾驶速度越快、道路环境越开放、道路参与者数量和种类越多，意味着驾驶环境条件越复杂，导致自动驾驶技术的落地难度越大；就驾驶车型而言，车型尺寸和重量越大、运载人员和货物越多、车身结构越复杂，意味着车辆控制的难度越大，导致自动驾驶技术的落地难度越大。例如从表 4-2 的维度下，就可以衍生出私家车、出租车、城市公交、公路货运、末端配送、生产作业等一系列场景，下面我们来一一进行介绍。

1. 私家车场景

私家车场景是渐进式自动驾驶路线的主战场，以特斯拉及各个主要造车新势力品牌为代表，传统车企也在快速跟进自动驾驶技术。目前私家车的自动驾驶功能依然以 2 级自动驾驶功能为主，但根据 2023 年 11 月工信部等四部门发布的《智能网联汽车准入和上路试点通知》，我国已经开始允许 3 级和 4 级自动驾驶车辆逐步上路试点。预计从 2024 年开始，私家车市场将快速进入高阶自动驾驶功能时代。

2. 出租车场景

出租车场景是跨越式自动驾驶路线的主战场，以谷歌 Waymo、百度 Apollo 等国内外科技巨头以及小马智行、文远知行等创业公司为代表。当前中美两国在自动驾驶出租车（Robotaxi）领域均进入了在多个城市限定区域开展小规模商业化试运营阶段。截至 2024 年 4 月，百度旗下的自动驾驶出租车平台萝卜快跑已累计向大众提供的自动驾驶出行服务订单超过 600 万单，是全球出租车场景中商业化订单数量最大的自动驾驶出行服务提供商，自动驾驶车队已开始在北京、深圳、武汉、重庆、上海等多个城市提供服务。

3. 城市公交场景

从自动驾驶技术的角度看，城市公交具有固定线路的优势，对自动驾驶算法的泛化能力要求相对较低。但由于城市公交车往往搭载数十名乘客，对于安全性的要求较高，一旦出现事故，影响较大。因此从政策宽容度角度出发，开放道路城市公交场景的自动驾驶落地速度可能会慢于出租车场景。

4. 公路货运场景

从市场规模的角度而言，公路货运场景是所有自动驾驶落地场景中最大的一个场景。但占据公路货运大部分市场的重卡干线物流运输场景，因为重卡的高载重、大体积且高速行驶的特征，同样属于一旦出现安全事故就是较为严重的场景，政策宽容度较低，落地速度会相对较慢。城市货运配送场景对应市区道路和轻型货车，其行驶环境和技术要求都与出租车场景类似，有希望更快落地。

5. 末端配送场景

末端配送场景其实主要就是现在快递员、外卖员的工作场景，会频繁进出小区、产业园等封闭园区，虽然目前以无须上牌的低速小型车为主，但未来也可能应用到自动驾驶技术。该场景因为低速且载货（非载人），自动驾驶技术要求相对较低，更多是需要探索如何更高效地嵌入现有的末端配送网络与业务流程。该场景的代表企业主要也以拥有末端配送业务需求的场景方为主，如国外的亚马逊以及国内的阿里巴巴、美团等互联网商业巨头。

6.生产作业场景

除公路运输服务以外，自动驾驶还会参与到很多特定的生产作业场景中去，成为这些场景智能化、无人化改造的重要支撑技术。比如在各类露天开采的矿山场景，无人驾驶矿卡可以负责土石方的运输；在港口码头场景，无人驾驶集装箱转运车会负责集装箱的水平运输；在城市环卫场景，无人驾驶的清扫车、洒水车等各类环卫车已经开始在多个城市运行。这些自动驾驶技术落地的生产作业场景的工作环境往往枯燥、恶劣，导致招工难、工作环境危险性高、易发生安全事故等问题，因此人们普遍对无人化改造持积极欢迎态度。

第五章

具身智能与智能家居

家应该是生活的宝库。

——勒·柯布西耶（Le Corbusier）

1983 年底，提出著名的"机器人三定律"的科幻作家艾萨克·阿西莫夫，在接受《多伦多星报》（The Star）采访时，曾对 35 年后的世界展开预测："移动计算机化物体或机器人，将作为一种必不可少的副产品涌入工业，并在下一代渗透到家庭场景。"①

来到 35 年后的 2019 年，机器人在家庭生活中的应用似乎还难得一见，但智能家居确实已随处可见。并且，可以预见的是，智能家居未来的普及与发展也将与具身智能密切相

---

① 参考自 https://baijiahao.baidu.com/s?id=1774180474408346719。

关。在未来家居的图景中，人们需要的不仅是能够灵活操控的家居硬件，还是能够理解用户行为、感知环境变化，在灵活地与人类互动中，实现家庭全场景的智能化管理的"智慧管家"。换句话说，原本只能在科幻电影和科幻小说里出现的家庭体验，都有望基于具身智能来实现。

在本章中，我们将介绍具身智能与智能家居的相关内容。不过，令人遗憾的是，目前在智能家居领域，要实现真正意义上的具身智能还有一定距离。所以本章中，我们更多地会去讨论"AI+家居硬件"的案例与发展情况，以及关于具身智能发展成熟后的畅想。相信有一天，阿西莫夫笔下描绘的智能家居世界——"拥有一个智慧大脑的机器人，为自己揽下所有琐碎的家务行为，完成一系列机械性工作"能成为现实。

第一节　智能家居：家庭中的具身智能

一、智能家居是什么

智能家居是在互联网发展影响之下家居设备物联化的体现。它通过一系列技术手段，将家居生活相关的设备集成起来，构建可集中管理、智能控制的家庭管理系统。通常，它并不是一个单一产品，而是通过各类技术将家中所有产品连接成的有机系统，主人可随时随地控制该系统。

我们来想象一个场景，你正坐在沙发上看电影，突然想调暗灯光、调低空调温度，但是你又不想离开沙发。这时，智能家居就是你的贴心助手，你可以拿起手机，轻轻一点，灯光就变得温馨，空调温度也变得舒适。这些看似普通的家居设备，通过技术的联动，成了一个听话的"小助手"，可以帮你处理生活中的琐事。

上面的例子更偏向于实用角度，但家的意义不止于此，还在于营造一种温馨、安心的氛围，这种氛围也可以通过智能家居来实现。比如你可以设置一个场景，称为"晚安模式"。在这个模式下，当你向周围说一声"晚安"时，所有电器都会自动关闭，窗帘缓缓拉上，床头灯微微亮起，一个温柔的女声也向你道一声晚安，祝你晚上享有一个好梦。在这样的场景下，即便是独居在外，你也能享受到家人般陪伴的温暖，这也是智能家居的作用之一。

除了刚刚提到的两个场景外，智能家居对于家的意义还在于保证家庭设施的安全。例如当你正在外面度假，突然想起家里忘记关闭煤气灶。这时，智能家居就可以作为你的远程管家，在监测到这一安全隐患后自动关闭煤气灶，确保家中安全。

总之，智能家居集成了家居生活中关注的便利性、艺术性与安全性要素，符合市场的需求与期待，具有广阔的市场前景。而它之所以能做到这一点，离不开人工智能的加持与赋能，人工智能是家居设备的大脑，而家居设备本身则是身体，两者之间的结合可以看作具身智能的一种实现形式，虽然尚在初期阶段，但仍然有着无穷的发展空间。

二、智能家居的发展阶段

在萤石网络 2022 年的年度报告中，将智能家居的发展分为了四个阶段：智能单品阶段、智能单品互联互通阶段、全屋智能系统阶段和以人为中心的个性化智能服务。[①]

在智能单品阶段，传统家电产品开始从简单的手动操作转向智能化控制。这些产品与先进的智能技术的结合，不但提升了家电的功能性，还增加了互动性。这一类别包括诸多现代生活中不可或缺的家电，例如智能电视可以根据用户的

---

① 参考自 https://paper.cnstock.com/html/2023-04/15/content_1748982.htm。

观看习惯推荐节目，智能冰箱能够监控食品存储状况并提醒用户及时补货，智能空调则能根据室内外的温度变化自动调节温度以达到节能效果。虽然这些产品的功能得到了一定程度的提升，但它们的智能化程度仍然有限。在很大程度上，用户还需要通过遥控器、智能手机应用等方式亲自下达指令，实现对设备的控制。同时，这些智能硬件往往各自为政，缺乏更深层次的互联互通能力，不能形成真正意义上的智能家居。

而到了智能单品互联互通阶段，随着智能单品数量越来越多，物联网等技术的发展进步，智能家居开始出现集成化的解决方案，用户希望家中所购买的智能产品能够进行统一管理和控制，这个阶段不同品牌、不同品类间的产品可以互联互通，实现场景联动。比如当用户回家时门禁系统自动解锁后，家里的灯光便会亮起，空调也会调整到最舒适的温度。然而，不同品牌在产品设计时各自为政，这种缺乏标准化的问题成为实现真正的全屋智能的绊脚石。设备间因不兼容而难以连接，导致用户经历烦琐的设置流程，且无法享受到一个统一的、协调一致的用户界面和操作经验，这些都严重影响了用户体验。

进入全屋智能系统阶段，智能家居环境已经迈入了一个新纪元。在这一阶段，各种智能设备无论品牌和种类，都能实现数据互通和互动。无论是感知用户存在、交互信息，还是链接服务、控制设备，在统一中控系统的帮助下，全屋智能家电已经能够协同工作，沟通无障碍，确保了用户体验的大幅度提升。这个阶段的主要挑战是确保跨品牌的设备能够共享数据和服务，品牌之间的兼容和平台之间的互操作性将成为提升用户体验的关键。随着技术的不断进步和标准化的推动，这种智能、互联的家居生活很快就能得到普及。

而到了全屋智能的下一站——以人为中心的个性化智能服务，具身智能的渗透昭示了更加舒适、精准的服务。当智能家居系统通过广泛的传感数据和进阶的智能算法实现了深度融合，它们将能够精细绘制出每一位用户的行为图谱，掌握并适应用户在不同环境中的习惯，并揭示可能的隐藏需求。这使得系统不仅能够响应请求，还能主动提供服务，真正做到以人为本，提供符合个人生活习惯和喜好的定制化服务。

总结一下，在这四个阶段中，具身智能作为主线贯穿始终，推动智能家居完成由"简单唤起交互"转变为"深度主动沟通"，从"单一割裂功能"转向"多方智能联动"，由

"被动接受指令"转向"主动提供服务"的蜕变。[①]

三、智能家居的产业链条

具身智能技术的兴起为智能家居产业链带来了新的发展机遇和挑战。在这一全新的技术推动下，我们可以看到一个更为复杂且高度整合的产业生态。

在产业链的上游，主要包括芯片、传感器等元器件供应商，通信模块和智能控制器等中间件供应商，以及物联网技术、AI 技术服务等软件提供商。这些厂商需要利用核心的软硬件模块，为智能家居的"智能"部分，提供强有力的技术支撑。

而在产业链的中游，智能家居品牌商和设备代工厂商需要与上游供应商紧密合作，确保硬件和软件的兼容性与整合性。从全屋智能家居解决方案提供商的角度来看，他们需要深入理解具身智能的潜力，将这一技术更全面地应用到其产品和服务中，为客户提供更高层次的智慧生活解决方案。这将包括从简单的环境控制到高度个性化的居家

---

① 参考自 https://baijiahao.baidu.com/s?id=1774180474408346719。

服务，每一项服务都能够主动和智慧地满足终端用户的各种需求。

对于产业链下游的线上线下销售渠道而言，包括各大电商平台、商超、专营店、零售批发等，需要理解具身智能技术带来的新特性，更好地进行市场营销、引导消费者，从而吸引并留住 C 端客户。而对于 B 端客户，如房地产和家装公司等，通常会与中游智能家居品牌商直接对接，关注智能家居如何能为它们提供差异化的产品和服务，以增强其项目的吸引力。

第二节　具身智能发展推动下的智能家居

在智能家居领域，具身智能的发展与渗透不仅预示着技术的进步，更代表了我们对于居住环境、生活方式以及人机交互理念的深刻变革。在这个过程中，一方面，具身智能直接推动了智能家居对于体验感的改善；另一方面，智能家居产品本身也需要从理念设计层面跟上这种体验感的优化，真正做到以人为本。本节将针对这两点进行重点解读。

一、具身智能对于智能家居体验感的改善

如果把智能家居看作具身智能的一个典型应用场景，那么这里具备的身体，就指的是家居设备或者能够调控家居设备的整体软硬件系统。就具身智能原始定义来看，似乎像前面章节提到的，能够烹饪、洗碗、逗猫的家务机器人才更符合人们对于智能家居的期待，但这种形态的智能家居还过于早期，远远没有达到广泛商用的程度。但从具备的能力角度看，目前的智能家居，可以通过感知环境和用户行为，自主控制家居设备，并根据用户需求调整家用设备的使用指南与运行状态，提供舒适便捷的生活体验，已经具备了基本水平下的具身感知、具身认知、具身执行能力，可以看作广义上的具身智能。

具身智能的发展正在逐步融入我们的智能家居，这将极大地改善智能家电的使用体验。现在，带有智能技术的家电更加注重场景化的增强体验。并且，我们与家电的互动也不再是单向的、像过去那样冷冰冰的。相反，它们开始更主动地与我们沟通，考虑我们所处的环境、我们的感受以及之前的使用习惯。也就是说，人机交互逐渐从"用户—机器—用户"的传统被动交互，走向基于环境、用户感知和预训练数

据的主动交互阶段。

此外，具身智能技术的发展可以帮助 AI 进一步理解我们行为背后所代表的意思，从而更好地判断和解读我们的需求。这样一来，智能家电就能够更主动地做出决策和控制，从而实现更多的功能和场景，给我们提供更加个性化和细致的控制方案。举个例子，当我们在卧室时，空调可以智能地感知我们的睡眠状态，为我们提供最适合的温度；洗衣机则可以智能地分辨不同类型的衣物，并自动选择最合适的洗涤和烘干模式。在厨房里，智能冰箱可以利用我们的健康数据和其他信息，为我们推荐合适的食物搭配和定制食谱，甚至为我们提供购买建议。在这些场景下，具身智能技术都可以进一步深化应用，让我们的生活变得更加便利和舒适等。

二、具身智能背景下智能家居产品的设计理念

前面提到，智能家居的终极发展理念其实是围绕"以人为本"加以展开。所以，在具身智能提升智能家居体验感的同时，智能家居产品在设计理念层面也应该有相应的发展与适配，更好地适应具身智能的新时代。

1. 人与智能产品的"量智"适配

好的关系和状态是势均力敌，在具身智能日益发展的今天，智能家居产品一方面需要不断强化智能水平，另一方面从设计上也应该贴合用户的认知水平，"过分智能"或"不智能"的设计都不可取，"量智"适配才是一个上佳的平衡状态。这意味着智能家居产品要像穿衣过冬，既不能过于复杂臃肿使人难以穿戴，亦不能过于简朴而失去了保暖的本能。在交互界面上，用户应能清晰直观地看到他们所需要的功能，就好比走在光明的大道上，每个路牌都指示着明确的方向。比如智能安全系统能够简化操作，以用户友好的方式实时监控家庭安全，并能在紧急情况下提供及时的反馈和援助。这一点，在一些特殊群体上尤为凸显，例如老年群体。目前，智能家居系统的一大薄弱环节就是其行业内并无适老性的搭配，操作方式和习惯更多还是迎合年轻人的认知和偏好，App 的操作过程和步骤相对烦琐，对于老年人的认知和接受能力来说并不友好。大多数人无法根据特定产品迅速切换相应的使用方式，在身边也无人对其使用 App 的行为进行指导和帮助，造成用户使用积极性受到打击和黏性水平下降。与此同时，"量智"适配也不能一味地轻视用户的自主能力，以前文提及的中老年群体为例，产品智能化的设计也不可过于低端，重视老年人视觉主导认知的特点，给予其适当的选择机会与尊重感。

2. 注重用户陪伴感的营造

在现代社会，人们往往因忙碌的生活而感到孤独与缺乏陪伴。智能家居产品，如果需要贴近理想化的具身智能体，不仅应为使用者提供便捷的生活体验，而且还应承担起缔造温馨陪伴感的职责。这种设计思维尤为适用于那些身处社区，周边邻里间可能较为疏远，缺少社会互动和安全感的普通居民。在交互设计上，应当更加注重情感共鸣和心理慰藉。选择温馨、亲切的界面语言和互动方式可以"无声胜有声"地为用户营造家的氛围。例如系统能以家人的音色进行语音互动，营造家的氛围，抑或设计带有温馨象征的外观，如拥有亲和力的宠物形象，这些细节都是传递情感的重要媒介。此外，一些传统交互形式外的体态互动也是提升陪伴感的重要方式，这些不需要言语的互动方式就能较好地满足那些非言语交流的情感需求，勾勒出一种更为直接和本能的交流方式。设备可能通过物理的回应，如当用户拍拍智能沙发时，沙发便自动调整到用户偏好的坐姿角度，或者沿着用户走动的路径缓缓亮起地板照明，这些都极大地增强了环境的反馈感和存在感。同时，智能家居设计还可以更进一步地整合用户的情绪识别，通过面部表情、语调分析等技术，设备能够感知用户的情绪变化并做出相应的适应行为。房间里的智能镜子或许能够在检测到用户情绪低落时，展示鼓励的信息或是温馨的家庭照片，提供情感上的连接和鼓励。这些注入智能家居设计中的具身智能元素，旨在激活家的感觉——一个温馨、舒适且理解我们的空间。通过有温度的设计和互动，在科技中嵌入人文关怀的柔和触感。这样，即便是在快节奏的现代生活中，每个个体都能在自己的居所中找到一份宁静和慰藉，与具有情感共鸣和理解力的智能产品一起，共享宁静与平和的居家时光。

3. 安全性和隐私性的保障

　　家是一个人最私密的港湾，在打造智能化居家环境时，安全性和隐私性的保护尤其重要。伴随着具身智能更加广泛地被应用，物理世界的交互行为增加，更多维度的用户数据也会被采集，如何保障用户的安全性和隐私性，也是智能家居产品设计时需要考虑的因素。因此，在设计智能家居产品时，从数据的采集、存储、传输到处理，每一步都必须严格遵守加密标准和隐私政策。在数据的采集阶段，智能家居应当只收集为提供服务所必需的信息，并且在采集之前，明确告知用户数据的使用目的，获得用户的知情同意。此外，为了进一步保障隐私，使用匿名化或伪匿名化的技术处理用户数据，减少个人身份信息的直接关联，也是十分必要的。而在数据的存储和传输过程中，应采用强大的加密技术和安全协议，并定期对系统进行安全审计，确保没有漏洞可以被潜在的黑客利用。在数据的处理与使用层面，智能家居的设计也需要建立起严格的访问控制机制，确保只有授权的个体和程序才能访问和处理数据。并且，应按照法律规定定期删除不再需要的个人数据，避免不必要的积累和潜在的风险。最后，在用户交互设计上，智能家居应该提供直观明了的隐私设置选项，让用户能够轻松地管理自己的数据，包括但不限于查看、修改、删除个人信息，或撤回先前的数据使用授权。这样的用户主导式隐私保护控制，不仅赋予用户更大的权利，同时强化了他们对智能家居系统的信任感。

第三节　智能家居中常见的具身智能产品

在本节中，我们将结合实例具象化地为各位读者介绍具身智能相关技术在智能家居场景中的渗透。我们首先聚焦于智能家居产品领域中的典型单品——家庭智能清洁机器人，这一智能单品凭借其精准的感知能力、自主的决策逻辑和行动的灵巧性，不仅体现了具身智能技术的进步，也极大地提高了日常最常见的"清洁"类家务的办理效率。而后，我们将从单一智能产品扩展到全屋智能生态，为读者展现日常家居环境整体智能化的全景。

一、典型单品：家用智能清洁机器人

在这个生活节奏加速的时代，家居清洁对许多家庭来说既是必要的日常任务，又是消耗时间和精力的烦琐活动。尘土无声无息地积聚在每个角落，毛发和碎屑在地板上纷飞，繁忙生活中很少有人愿意拿起笤帚、拖把与之长期对抗。在智能家居的场景中，清洁便是首先需要被分包出去的工作，而家用清洁机器人就是这样一位小巧而智能的助手，能够自如地穿梭于沙发下、书架旁，无声无息地为你扫除一切烦恼，从广义上也可以看作一种具身智能在智能家居中的典型应用产品。

现在，让我们来具体分析一下清洁机器人的智能之处。清洁机器人因为任务简单而专注，其核心智能是凝聚在导航规划系统上的，这一系统又被称为 SLAM（Simultaneous Localization And Mapping）系统，即同步定位与地图构建系统。这个系统负责指导机器人在复杂的家庭环境中自主导航和地图定位，避开障碍，完成清洁任务。目前，制导方式主要分为惯性导航、激光导航和视觉导航三种。惯性导航系统依赖内置的传感器来测量和计算设备的位置和速度。这些传感器，比如加速度计和陀螺仪，能够追踪设备从一个已知位置开始的所有运动变化，从而推断出其在任何时间点的确切位置。然而它不仅导航精度不高，还会积累误差，需要定期校正，并不适合大范围空间的导航。而激光导航系统则使用激光测距技术，通过发射激光脉冲并测量反射回来的激光光束来获取距离信息。利用这些数据，机器人可以创建周围环境的详细地图，并进行路径规划。相较于惯性导航，激光导航显得更加简单高效，精确度也更高，然而激光探头也存在使用寿命较短，生产维修成本较高的局限性。而视觉导航的方案则成本相对低廉，主要使用相机和图像处理算法来感知环境，拥有更大的建图区域。此外，通过特定算法还能识别墙壁、家具等特征，机器人可以理解其在空间中的位置，动态避开各类障碍物，并完成路径规划和导航。不过，视觉导航也存在一定的缺陷，它高度依赖外界光线，在照明不好的房间或者夜晚，其导航效果就会大打折扣。在这些方式中，虽然采用了视觉导航的清洁机器人似乎才更接近于真正意义上的具身智能，但鉴于三种方式各有优劣，目前高端价位的清洁机器人往往会综合多种方案以收获更好的导航效果。惯性导航和激光导航都可以看作不同的具身感知模式，构成了清洁机器人的重要组成部分。

当然，导航技术虽然是核心的智能模块，但整体的使用体验也离不开其他方面的技术能力。下面，我们将介绍一些目前受众较为广泛，且在具身智能相关技术上各有特色的家用清洁机器人品牌。

1. 追觅

追觅的家庭清洁机器人，以精湛的马达技术和先进算法闻名。作为机器人心脏的伺服电机，它可以实现高转速和强大扭矩，响应迅速且在精准控制方面表现卓越。2017 年，追觅推出了每分钟可达 10 万转的高速数字马达，突破了海外厂商的技术垄断，并在后续发展中屡屡突破量产更高转速的技术水平。而在作为"大脑"的算法方面，增强了场景识别和语义理解能力，在目标检测与识别、多传感器感知融合处理策略、地图语义理解自动分割、航点导航等技术领域都有充沛的积累。目前，追觅科技除了清洁机器人外，已形成智能家居领域多品类的立体布局，产品渠道覆盖全球百余个国家。

2. 石头

石头在具身智能领域的突出特点在于融合避障技术和 RR Mason 算法。融合避障技术可以巧妙地统筹各传感器收集到的数据，实时打造和更新环境地图。这项技术使得该机器人能够精确地侦测周围障碍物的具体位置、外形及其可能的移动趋势，以便制定出最优的清洁路线。这样不仅能够避免可能的撞击，还大幅提升了打扫效率。石头的另一技术亮点是 RR Mason 算法，该算法赋予了机器人随着时间进化的能力，可以更精准地掌握家庭环境的微妙变动。无论是摆放调整的桌椅、新添置的装饰品，还是孩子散落的玩具，石头机器人都能迅速调整其行动策略，以适应新变化。

3. 科沃斯

科沃斯在具身智能领域的优势技术在于 AIVI 人工智能和视觉识别系统、Smart Navi 全局规划系统。AIVI 系统包含超轻量级视觉神经，通过对家居环境的识别，获取并分析环境中的障碍物数据，可以不断学习发展，从而提出最优的地面清洁解决方案，提升清洁效率，减少人工干预，并且看得快、算得快，在识别速度和避障效果上都具有显著优势。而 Smart Navi 系统，可以借助 LDS 激光雷达以及精确的即时定位与地图构建算法，让机器人能够智能识别家居环境，快速建立可视化地图，选择高效的工作路线。个性化、定制化的地图编辑功能可以满足多样化的清洁需求。

4. 云鲸

云鲸与具身智能相关的最大特色功能是"鲸灵托管"，其核心技术是 DirtSense 污水识别系统。简单来说，清洁机器人可以感知到地面的清洁程度，以此来自我判断是否需要进行二次或多次清扫。这样一来，用户只需一键启动，便可以放心托管给机器人进行全面清洁。这也就实现了"一键托管式"的智能决策，使清扫变得更加便捷。此外，云鲸的智能托管还可以根据实时的室内环境和清洁程度制定个性化的清洁计划，对于长时间未清洁的房间和厨房、阳台等重污房间，自动增加清洁次数，并能根据室内空气的湿度，自动调节拖布湿度，而对于不同地板材质的房间也能自主做出判断：木地板减小下压力和湿度，避免损伤木地板；瓷砖地面增大下压力，提升清洁强度。

二、全屋智能解决方案

介绍完具身智能技术应用的典型单品，接下来我们来详细了解一下前文提及的全屋智能解决方案。具身智能具备现实中的身体和智能的大脑，而全屋智能的身体就可以看作整个家居环境，或者说是家居环境中的所有智能单品有机地结合在一起互联互通，最终构成整个智能化的家居环境。在这个智能的家中，作为智能家居发展阶段中变革型跃进的产物，智能单品不再是单独为你服务的小岛，它们连接成为一个庞大的服务网络。比如说，智能空调、智能灯光、智能窗帘和智能音响不仅仅是独立的设备，它们被统一调控，协同工作，打造出一个多维度的生活体验。

设想一个寒冷的冬日清晨，全屋智能系统可以自动监测室内外的温度变化。当外界温度下降到设定的门限值时，它会指令智能锅炉启动加热，同时智能窗帘缓缓开启，让房间趁着早晨的第一缕阳光温暖起来。你醒来的时候，已是一个暖洋洋的房间，而这一切都无须你手动设置，全自动完成。而像智能安防系统，它不只是当有可疑入侵时发出警报，更可以在你离家期间智能地控制室内外的灯光、电视等电器开关，模仿你在家的活动规律，以此来摆脱潜在的不法侵入者。另外，智能摄像头还能实现人脸识别，当家中有客人到访，系统会根据你设定的权限决定是否为其解锁门扣。这些不同的智能单品连接在一起，构成了立体而舒适的家居体验。

在全屋智能解决方案里，还有一个不可或缺的部分是智能家居中枢系统，这可比大脑的责任重大多了。中枢系统就像是家中的智能总指挥官，所有的智能设备都通过无线或有线的方式与其连接。无论是通过语音、触控屏幕还是远程应用程序，你都可以向它发布指令，然后它将这些指令转化为动作，由适当的设备执行。无论是清晨还是夜晚，它都能给予你最贴心的服务。

总的来讲，全屋智能解决方案通过精巧的设计和高效的协作，使得家居生活像进行着一场无声交响，每一件智能设备都演奏出生活的和谐旋律，为我们带来一个更加智能、舒适和安全的未来生活环境。下面我们来看一些知名品牌的全屋智能解决方案。

1. 华为全屋智能

华为全屋智能方案由"1 + 2 + N"构成，分别代表着 1 个计算中枢、2 种交互方式和 N 个子系统构建的鸿蒙生态。1 个计算中枢通常是 1 台搭载 HarmonyOS AI 引擎的智能主机作为全屋总指挥，让家拥有集学习、计算、决策、控制于一体的智慧大脑。针对空气、阳光、水等家居条件进行动态预判，照顾生活起居的各处细节。而"中控屏 + 智慧生活" App 的两种交互方式，可以获得全场景一致化的体验，也可以实现"一空间一专属"交互。而 N 个子系统则包括照明、遮阳、安防、冷暖新风、影音娱乐、用水、能耗、家电等各个模块，覆盖家的不同角落，并实现浪漫就餐、温馨回家、智慧节能、沉浸观影等多设备智能联动下的智能场景。

2. 米家全屋智能

米家是小米旗下智能家庭品牌，依托于小米生态链体系，为用户构建以智能硬件为主，涵盖硬件及家庭服务产品的用户智能生活整体解决方案。目前，米家的全屋智能除了依靠 App 进行设备整体管理，还接入了语音助手小爱。呼唤小爱后，所有接入的家电操控全部可以靠语音指令来完成。只需要简单的设置后，就可以让设备简单地运行，并且可以根据设备动作、地理及环境位置变化，设置各种各样的个性化操作指令。例如用户想离家时，关上门就可以让扫地机器人自动唤起清洁，摄像头也自动启动保障安全，并且动态地根据环境湿度温度调节屋内空调和加湿器，并根据实时空气质量唤起或关闭空气净化器，保证用户回家时直接就能享受到舒适的氛围。

3. 小度全屋智能

小度全屋智能由百度旗下人工智能品牌小度倾力打造，致力用 AI 打造让全家人都感到温暖、个性、便利的品质智能生活。所有的多步操作都可以借助语音助手小度来一步完成，在深度多模态人机置信度模型加持下，小度具有超快的响应速度、超远识别距离以及离线识别能力，以确保用户的操控体验。而在识别方面，产品还融合了百度大模型文心一言的全面能力，可以做到个性化理解和自学习能力，可以逐字逐句精准地理解用户的需求，并做出相应的应对措施，成为用户贴心的智能管家。

4. 萤石全屋智能

　　萤石品牌起源于海康威视，最初是为了从视频监控技术延展到智能生活场景而创立。目前在智能家居的布局上，构建了以安全为核心，以萤石云为中心，搭载包括智能家居摄像机、智能入户、智能控制、智能服务机器人在内的四大自研硬件，开放接入了环境控制、智能影音等子系统生态，力图实现家居及类家居场景的全屋智能。而就发展战略上，萤石将具身智能作为主要的发展方向，目前在研项目多数与具身智能相关，其中技术涉及领域包括硬件的运动控制、软件的导航算法，外加大模型、云边融合等。

第六章

具身智能相关的法律与监管

真正的问题不在于机器是否会思考，而在于人是否会思考。

——B. F. 斯金纳（B. F. Skinner）

科技的每一次进步，都是对当前社会关系的解构。人们需要思考的不仅是技术本身，也要思考技术应用下的人与社会。当新技术走进产业、走进生活中时，往往会面临许多复杂的社会问题，离不开法律的规范和政府的监管，具身智能领域也不例外。在本章中，我们将从与具身智能相关的法律焦点出发，多方面、多角度地分析发展具身智能需要注意的合规问题。

第一节　具身智能的法律焦点

具身智能作为以 AI 算法为底层的实体表现，不仅具有类似于人的"智能"，还可以依托各类实体设备进行各种行为操作。因此，理解具身智能在法律语境下的特征就显得十分重要。在本节中，我们把具身智能依托的设备称为具身智能的主体，针对以下四个问题进行重点探讨。

- 具身智能主体能否作为法律中的"人"来理解？
- 具身智能主体进行的行为应当如何认定？
- 具身智能主体产生的成果应当如何认定？
- 如果具身智能主体对我们产生了侵害，谁来承担责任？

一、具身智能主体能否作为法律中的"人"来理解

当我们谈论法律中的"人"时，更多探讨的是法律关系的主体。简单理解，就是一个主体是否能行使法律权利和履行法律义务。截至 2023 年末，依据《中华人民共和国民法典》《中华人民共和国著作权法》等规定，只有自然人、法人或非法人组织等可以作为民事法律关系主体。具身智能作为人类制造的设备，在中国的法律法规体系下，显然不能够作为法律关系主体，并不能享有与人一样的相关权利或承担相应的责任。

然而，这个问题并不能一概而论。放眼国际，已经有部分国家给予了像机器人这样的具身智能设备以国籍，抑或说从法律上将这些设备认定为该国的"人"。例如 2017 年，沙特阿拉伯授予了机器人"索菲亚"公民身份，成为历史上首个获得公民身份的机器人。她不仅拥有沙特阿拉伯的身份证件，还在某家教育机构中从事英文教育工作。可以说，沙特阿拉伯的法律法规对于具身智能的民事主体问题有了一定程度的突破。未来，由于具身智能相关技术的发展，当这些设备实体拥有了一定程度上与人类相似，甚至相同的智慧功能后，各国亦可能进行修法活动，对具身智能设备授予民事法律主体资格。

二、具身智能主体进行的行为应当如何认定

承接前一个问题，在中国现有法律法规体系下，具身智能依托的设备并不具备民事法律主体资格，因此其行为应当如何认定是存在争议的。让我们想象这样一个场景，假如有一个智能的机器人管家，可以替我们操办和管理各种家庭事务，帮我们出门买菜、去银行办理存款业务，这时，做家务、买菜、存款这些行为可能产生的法律责任应该认定在谁

的身上呢？

从设备开发和生产角度，由于制造商、算法技术提供厂商制造了这个机器人，其进行的行为应当由上述制造商承担。但是，上述例子中的机器管家属于具身智能的范畴，具备"人机对话"和输入反馈的特征，其使用者可以通过对话、训练等方式，让机器管家做出相应行为，这些行为对于设备制造商、算法技术提供商而言并不可控，而更多依赖于使用者的使用方式。因此，对于具身智能行为应当认定至哪一方的问题，目前法律界存在各种学说。这些学说依托于传统法理学、电子商务法相关学说等原有法学理论建立，并没有形成统一或较为统一的意见。

三、具身智能主体产生的成果应当如何认定

既然具身智能主体的行为难以认定，那么伴随着行为所产生的成果则更具争议。假如一个机器人用手臂画了一幅画且卖出1万元，那么这1万元应当归属于机器人设备的生产者，还是驱动机器人进行绘画的算法的设计者，抑或是机器人的拥有者呢？

这三个问题无疑是颇具争议的，但令这些问题变得更复

杂的是，这一幅具有经济或社会价值的画作，是否属于当前《中华人民共和国著作权法》中所保护的"作品"呢？根据目前《中华人民共和国著作权法》的规定，"作品"是指公民、法人或者非法人组织在文学、艺术和科学等领域内具有独创性并能以一定形式表现的智力成果。根据这一条例，作品的创作者必须是法律定义上的"人"。而目前，具身智能依托的设备并未在中国法律体系中被认定为"人"，因而具身智能产生的成果从严谨的角度来说不应被称为"作品"。

但是，部分法学家仍建议将具身智能输出的成果作为"作品"进行保护，并提出了"独创性客观说""创作工具说"等学说。"独创性客观说"认为，对于"作品"的保护，应当对创作主体是否符合《中华人民共和国著作权法》的规定和要求进行虚拟，也就是说不管创作主体是否为"人"，均应当受到保护。但是这类学说最大的问题是未合理解释现行法律法规与实际运用场景的冲突，即创作主体并非"人"而是机器。

而"创作工具说"则认为具身智能仅作为人类的一种智能创作工具，那么具身智能运用者应当拥有通过该工具能生成的"作品"的相关权利。但是，上述学说也存在很大的问题。作为具身智能运用者，他们并不了解驱动具身智能创作的机械结构和算法机制，仅能通过与具身智能设备对话的方式引导其生成相应成果，可见，运用者并不能完全控制具身智能设备生成的结果，将其认定为拥有作品的著作权人并不满足《中华人民共和国著作权法》的基本要求。

因此，就目前而言，如何认定具身智能生成的成果对现行法律法规而言仍是巨大的挑战。

四、如果具身智能主体对我们产生了侵害，谁来承担责任

我们需要注意具身智能实施的行为应当由何种主体承担相应的法律责任。结合前文的分析，具身智能设备在当前我国的法律法规体系下并不能定义为"人"，不能独立承担相应的法律责任，那么应当由谁来承担具身智能主体实施行为产生的法律责任呢？例如具身智能管家在主人的指令下去超市购买商品，如果在路上撞伤了行人，应该由谁来承担责任？如果将过错直接归咎于具身智能设备的开发商和运营商，这显然不符合法律法规的公平原则。一旦他们将相关设

备提供给公众使用后，相关使用者如果侵犯其他人的合法权益，显然不是他们能够控制的，除非能证明在设备的研发和运营环节存在明显的缺陷和过失。但是，如果由使用者单独承担责任，那么使用者会认为他们仅对具身智能设备进行了引导，"去超市购买商品"这一行为本身并不会造成对他人的侵害，具身智能输出的行为对于使用者而言也无法完全控制，如果单独由使用者承担责任亦不公平。可见，目前法律法规对于具身智能输出行为的责任承担问题并不能合理解决，该等事项需要等到未来法律法规颁布和更新时进行讨论和规定。

第二节 具身智能的政策解读

虽然目前我国并未出台专门针对具身智能的法律，同时监管部门对于科技快速发展带来的新监管领域的态度也并未明确，但是，结合我们的传统法律逻辑系统，在新业务和生态开展的情况下，我们可以考虑参照既有的法律法规进行规范和管理具身智能行业。在本节中，我们将结合既有相关领域的部分法律法规，对具身智能的监督、管理和规范进行解读。需要特别强调的是，在本节中，具身智能主体未作为法律上的"人"来定义，因此我们仍旧关注的是具身智能应用后在法律角度的技术、数据和对人的影响。

一、算法管理和要求

由于具身智能主体主要还是依托人工智能算法作为底层设计，并在算法输出结果后，由具身智能设备执行具体过程。因此，具身智能主体的设计者、生产者仍旧需要关注人工智能算法的相关法律法规规定和要求。如果一家企业提供随身的具身智能设备，可以由个人随时携带使用，甚至需要带至国外使用，此时需要遵守哪些法律法规呢？

目前关于人工智能的法律法规包括《生成式人工智能服务管理暂行办法》《互联网信息服务深度合成管理规定》《互联网信息服务算法推荐管理规定》等。结合上述法规以及传统法律法规的要求，我们可以发现在算法管理上需要特别注意算法改进与内容治理、标识要求、辟谣机制设立、配合监管和备案、本地化要求五个方面的规定。此外，值得注意的是，目前算法管理的相关规定和要求仍在不断颁布和更新中，具身智能行业应当重点关注法律法规的更新和监管态度变化。

1. 算法改进与内容治理

参照此前有关人工智能算法的管理条例，具身智能的底层算法设计者应当注意以下法律法规的基础要求。

- 反诱导：不得设置诱导用户沉迷、过度消费等违反法律法规或者违背伦理道德的算法模型。

- 反歧视：在算法设计、训练数据选择、模型生成和优化等过程中，应当采取有效措施防止产生民族、信仰、国别、地域、性别、年龄、职业、健康等歧视。

- 禁止不合理差别待遇：不得根据消费者的偏好、交易习惯等特征，利用算法在交易价格等交易条件上实施不合理的差别待遇等违法行为。

- 反不良关键词：不得将违法和不良信息关键词记入用户兴趣点或者作为用户标签并据此推送信息。

- 透明度改进：应当基于服务类型特点，提升服务透明度，提高生成内容的准确性和可靠性。

- 不得生成违法内容：不得生成煽动颠覆国家政权、推翻社会主义制度，危害国家安全和利益、损害国家形象，煽动分裂国家、破坏国家统一和社会稳定，宣扬恐怖主义、极端主义，宣扬民族仇恨、民族歧视，暴力、淫秽色情，以及虚假有害信息等法律、行政法规禁止的内容。

- 审核义务：应当对输入数据和合成结果进行审核，建立健全用于识别违法和不良信息的特征库，记录并留存相关网络日志。

- 停止违规内容与模型优化：如果具身智能设计者、生产者或经营者发现其提供的具身智能产品或服务生成违法内容的，应当及时采取停止生成、停止传输、消除等处置措施，采取模型优化训练等措施进行整改，并向有关主管部门报告。

- 推荐管理：加强算法推荐服务版面页面生态管理，建立完善人工干预和用户自主选择机制，在首页首屏、热搜、精选、榜单类、弹窗等重点环节积极呈现符合主流价值导向的信息。

2. 标识要求

鉴于具身智能主体的构建往往与生成式人工智能技术相结合，而为了使生成式人工智能的输出结果能合理地被相关使用者接受或处理，法律法规对于该等事项提出了以下标识要求。

- 基础标识义务：具身智能设计者和生产者对使用其服务生成或者编辑的信息内容，应当采取技术措施添加不影响用户使用的标识，并依法依规保存日志信息。

- 显著提示：具身智能设备如果提供智能对话、合成人声、人脸生成、沉浸式拟真场景等具有生成或者显著改变信息内容功能服务时，应当在生成或者编辑的信息内容的合理位置、区域进行显著标识；提供非前述深度合成服务的，应当提供显著标识功能，并提示使用者可以进行显著标识。

- 标注合规：制定符合要求的清晰、具体、可操作的标注规则；开展数据标注质量评估，抽样核验标注内容的准确性；对标注人员进行必要培训，提升遵法守法意识，监督指导标注人员规范开展标注工作。

3.辟谣机制设立

由于具身智能产品在设计和生产后，可能有具备生成内容能力的相关技术模块，使用者可以根据自身需求要求产品生成相关内容。因此法律法规特别要求具身智能产品提供者建立辟谣制度，即在发现利用深度合成服务制作、复制、发布、传播虚假信息时，相关产品提供者应当及时采取辟谣措施，保存有关记录，并向网信部门和有关主管部门报告。

4. 配合监管和备案

由于具身智能目前仍处于高速发展阶段，监管部门目前对于如何管理和规范行业发展仍在探索，因此法律法规规定了配合监管和备案要求以形成"行业＋监管"的机制，在不影响国家安全、社会公众利益和个人权益的前提下鼓励和促进具身智能行业发展。目前，关于配合监管的要求主要包括以下内容。

第一，配合基本监管和材料提供。即有关主管部门依据职责对具身智能主体涉及的人工智能服务开展监督检查，具身智能产品及服务提供者应当依法予以配合，按要求对训练数据来源、规模、类型、标注规则、算法机制机理等予以说明，并提供必要的技术、数据等支持。

第二，备案与评估义务。具身智能产品提供者应当依法进行算法备案，如果是属于具有舆论属性或社会动员能力的服务提供者的，应当依据法律法规的要求进行安全评估。

5. 本地化要求

具身智能产品设计者、提供者应当关注本地化服务的要求，即上述设计者和提供者在选择供应商时，宜使用境内服务器的持有主体，并使用境内服务器对境内用户提供服务。如果相关个人将设备带至国外使用，可能涉及具身智能产品提供者会跨境提供服务的情况，也应当考虑《中华人民共和国网络安全法》《中华人民共和国个人信息保护法》对于个人信息跨境的相关要求，例如个人信息标准合同签订、通过数据出境安全评估等。

二、科技伦理审查

我们在设计具身智能产品时，应当注意科技伦理问题。

谈及科技伦理问题，人们往往最先想到的是生命科学领域，因为这个领域与人们的生命活动最为相近，我国也通过《涉及人的生物医学研究伦理审查办法》《涉及人的生命科学和医学研究伦理审查办法》等对涉及人类医学研究伦理审查进行了基本规定。

然而，人类不仅是作为一个生物体在世界上活动，同样也是作为一个社会体在世界上活动，而未来的具身智能作为智力上高度与人类近似的主体，可能参与到各种各样的人类社会活动中，其带来的科技伦理问题理应受到重视。

2023 年 9 月，科学技术部会同其他相关部门发布了《科技伦理审查办法（试行）》，其第四条规定，从事生命科学、医学、人工智能等科技活动的单位，且研究内容涉及科技伦理敏感领域的，应当设立科技伦理（审查）委员会并开展科技伦理审查。由此可见，具身智能产品一旦涉及科技伦理敏感行业，则需要开展相关的科技伦理审查。

同时，根据《科技伦理审查办法（试行）》第二条，以下几种情况应当开展科技伦理审查：第一，涉及以人为研究参与者的科技活动，包括以人为测试、调查、观察等研究活动的对象，以及利用人类生物样本、个人信息数据等的科技活动；第二，涉及实验动物的科技活动；第三，不直接涉及人或实验动物，但可能在生命健康、生态环境、公共秩序、可持续发展等方面带来伦理风险挑战的科技活动；第四，其他法律法规规定的需要进行科技伦理审查的情形。因此，对于具身智能产品的设计者、生产者和经营者，如果在制作人形机器或类动物体机器，在实验环节涉及人类体和生物体，或因此可能产生伦理风险挑战的活动时，均有可能触发上述规定进行科技伦理审查。

值得关注的是，目前有关部门正在对科技伦理审查具体标准和指南进行讨论和细化，未来具身智能设计者、生产者和经营者均有可能被要求根据相关法律法规和标准指南的要求进行科技伦理审查。

三、用户管理

具身智能在面向用户时，本质上也是一种产品和服务，所以也需要遵循产品服务提供时的用户管理相关规定。具身智能产品提供者在提供相关产品和服务时，应当结合法律法规的要求告知其产品和服务的规则，与相关使用者明确权利义务关系，并对具身智能使用者进行管理，主要包含以下相关条例。

- 规则公开：具身智能产品提供者应当制定和公开平台管理规则、公约、服务协议。
- 签订服务协议：具身智能产品提供者应当与使用者签订服务协议，并明确双方权利义务。
- 构建实名认证机制：具身智能产品提供者应当落实真实身份信息认证制度，并进行实名认证。

- 投诉处理：具身智能产品提供者应当设置便捷、有效的用户投诉、举报入口，并公布处理流程和反馈时限。

- 用户引导与未成年人防沉迷：具身智能提供者应当明确并公开其服务的适用人群、场合、用途，指导使用者科学理性认识和依法使用生成式人工智能技术，防范未成年人用户过度依赖或者沉迷生成式人工智能服务。

- 用户违法行为管理：具身智能提供者或其他人发现使用者利用生成式人工智能服务从事违法活动时，应当依法依约采取警示、限制、暂停或者终止向其提供服务等处置措施，保存有关记录，并向有关主管部门报告。

四、知识产权与反垄断、反不正当竞争

具身智能产品在设计和研发时，往往需要引入大量数据进行加工、建模或用于算法训练。那么在引入相关数据时，应当考虑数据的引入是否侵犯其他组织或个人的知识产权、商业秘密等内容；或者是否完全垄断部分数据，从而产生侵犯知识产权、垄断行为和产生不正当竞争的情况。

目前，针对知识产权的问题主要还是集中于《中华人民共和国著作权法》规定的相关作品的保护问题，即在作品电

子化后，作为电子数据的作品在引入具身智能算法作为底层数据加工建模时，是否可以直接使用的问题，是否需要获得相关著作权人的授权。目前，《中华人民共和国著作权法》中规定的合理使用，即不需要向相关著作权人申请的情形中并未规定算法加工建模的情形，因此，结合《中华人民共和国著作权法》和《中华人民共和国数据安全法》的规定，未经作者授权的情况下将相关数据的引入进行加工建模可能存在侵犯著作权人相关权利，也存在数据合法、正当使用的瑕疵。

同时，如果具身智能算法引入的数据为垄断数据，从《中华人民共和国数据安全法》和数据流通的特征角度而言，可能会因此产生数据垄断、触发不正当竞争的情形。因此，具身智能提供者在进行算法设计、引入数据加工建模时，应当对相关数据进行基本审核，对于是否侵犯知识产权、是否涉及数据垄断进行基本审查和记录，并对相关数据进行合理清洗，以保证数据源引入的合规性。

但是，我们也注意到，由于具身智能技术的进步与发展离不开大量数据的引入，将审核相关数据的合法合规性义务完全让科技企业承担，会造成负担过重，也不利于新兴科技领域的进步与发展。因此，是否可以通过建立数据平台模式是行业未来发展时值得探讨的议题。在这种模式下，可以由著作权人进行合法授权，相关企业进行数据收集和合理使用，并通过颁布新法和引入监管的方式来实现对该等事项的基本合规。

五、数据合规和个人信息保护

正如上文所述，具身智能产品中可能引入大量数据，甚至个人信息，因此对于相关数据和个人信息的保护尤为重要。在下面的内容中，我们将从相关数据和个人信息的角度进行分析。当然个人信息也是一种特殊的数据，但为了方便，在谈论数据角度时，我们将把它排除在外。

从数据角度，我们应当注意引入数据的敏感度如何，是否引入了核心数据和重要数据。核心数据和重要数据简单而言是指一旦泄露，对国家安全、社会公众利益和个人权益产生重大影响的相关数据。此外，在引入相关数据时，还应当注意相关数据是否为公开数据、是否可以合理使用。非公开的数据在使用前应当获得相关主体的授权，签订数据处理协议，明确双方的权利义务关系。除了上述这些，具身智能产品或服务的提供者还应当注意和提升引入的数据质量，并采取有效措施提高训练数据质量，增强训练数据的真实性、准确性、客观性、多样性。

而从个人信息角度，我们应当注意引入个人信息加工建模前是否符合合法、目的限制和最小必要原则。

合法原则是指具身智能产品或服务所处理的个人信息，是否事先获得授权同意，或者具备其他合法性基础。参照《个人信息保护法》第十三条的规定，确认处理个人信息的合法性基础，若需要获得个人同意，应当及时获得同意；若无须个人同意，例如依据法律法规要求收集的个人信息进行加工的行为，就无须相关个人的同意。而目的限制原则是指，处理个人信息的目的仅限于收集时告知用户和获得合法性基础的相关目的，不能拓宽使用。如果收集的个人信息目的是用户基本管理，那么就不能直接将其引入具身智能相关算法中加以使用，而是需要再次向用户进行告知，并获得用户同意或具备其他合法性基础后才能使用。最后，最小必要原则是指，处理个人信息时，应当对处理数据需求的最小必要性进行论证，不引入不需要的个人信息，以免在未来的个人行权导致整体模型的偏离。

总之，结合目前具身智能领域的发展，相关法规的要求、产品的结合、权利的适用等方面的规定仍然较为笼统。同时，从法理角度而言，法律规则的制定一般会滞后于社会和科技的发展，这也就意味着在未来一段时间内，具身智能相关的法律法规仍有可能是一块空白。

即便如此，监管部门仍会对具身智能实施行业监管和处罚，例如通过部门通知、试用规章结合现有法律法规的规定进行监管等。在形成监管经验后，相信监管部门会结合将来具身智能发展的情况制定专门的法律法规，以在促进行业发展和合理监管的目标上达到平衡。

第三节　具身智能产品与服务全生命周期的个人信息保护

在前面的章节中，我们把具身智能的能力拆解为具身感知、具身认知和具身行动三个部分。这三个部分我们既可以看作具身智能的能力，也可以看作为了让具身智能服务提供的全生命周期。具身智能主体在感知收集到的具体信息后，结合认知，展开相应的行动来提供具体服务。这个服务的过程会涉及大量与人的交互，前一小节中提到的个人信息保护问题就成为法律关注的焦点，下面我们将结合具身智能服务全生命周期的各个阶段一一展开分析。

一、具身感知阶段的个人信息保护

在具身感知阶段，出于个人信息保护，需要思考以下四个问题：敏感信息问题、合法基础问题、最小必要性论证问题和目的限制问题。

1. 个人信息收集的敏感信息问题

因为具身智能设备可以充分地融入用户的生活工作之中，因而收集的个人信息类型敏感程度可能较高。为了保证具身智能的服务质量，其设备主体收集的个人信息，可能在很大程度上是《中华人民共和国个人信息保护法》规定的敏感个人信息，如果这些信息泄露，如疾病史、指纹、工资流水单等，将对我们个人的经济、社会地位等产生重大影响。

我们想象这样一个场景，如果我们采用了一个具身智能机器人作为我们的日常管家，它需要确认我们是它唯一的主人以开启各类服务。在这类服务验证过程中，需要收集具有唯一性特征的个人信息，如声纹、指纹等，而这些信息一般会被认为是敏感的个人信息。在此意义上，我们需要根据《中华人民共和国个人信息保护法》等相关法律法规的要求进行合规保护。

2. 个人信息收集的合法基础问题

除收集的个人信息可能过于敏感外，确认个人信息获得的合法基础也十分困难。关于合法性基础，在《中华人民共和国个人信息保护法》第十三条中已经有了明确的规定和要求，其中包括取得个人的同意，为订立、履行个人作为一方当事人的合同所必需等。也就是说，如果具身智能提供者向使用者提供服务时，在收集相关信息前，应该确认处理相关使用者用户的个人信息的合法性基础是什么，是否能够与《中华人民共和国个人信息保护法》第十三条规定的合法性基础的一款或几款对应，而这些规定的满足从实操上是有一定困难的。

首先，摆在服务提供者面前的问题是告知的复杂性。对于服务提供者，一般要求通过隐私政策等文件告知相关个人处理个人信息事项时，需要完整列明处理个人信息的所有功能和场景，以及处理的个人信息字段，但因为一些不可预见的因素，令完整的告知具有难度。其次，合法性基础的映射和分离也是一大难点。参考《中华人民共和国个人信息保护法》第十三条的内容，"履行个人作为一方当事人的合同所必需"和"同意的合法性基础"分离。通俗地说，对于必须获得个人同意处理个人信息的事项，不能与履行合同必须处理的个人信息事项混为一谈，而应当获得相关个人的同意，甚至单独同意。最后，基于同意为合法性基础的授权撤回应对。根据《个人信息保护法》第四十七条的规定，如果是基于同意作为合法性基础处理的个人信息，应当注意向相关个人提供撤回个人同意的路径。也就是当用户取消授权个人信息使用时，要有便捷的路径进行取消。

3. 个人信息收集的最小必要性论证问题

个人信息收集的最小必要性论证是另一大难点。根据《中华人民共和国个人信息保护法》第七条，处理个人信息时应当符合最小必要原则。在具身智能运用场景下，我们理解相关设备会不断收集相关个人信息，但这对于具身智能而言是一个巨大的挑战。从个人角度和监管角度，为了保护个人隐私，人们希望收集和处理的个人信息越少越好。但对于企业而言，为了进行模型的改进、算法的优化以及其他商业目的，往往希望收集更多的个人信息以进行加工集成，这样的商业利益出发点天然与《中华人民共和国个人信息保护法》的要求不合。

因此，在商业模式和法律规定存在价值冲突的情况下，具身智能运用场景需要对收集的个人信息最小必要性进行论证，也就是说对于收集的每个个人信息字段论证确认收集的必要性，对于不必要收集的个人信息字段应当予以排除。例如，在向使用者提供服务时，具身智能服务提供者需要收集个人信息以进行注册。结合最小必要原则，收集个人的姓名、电话、用户名等进行实名认证是极其必要的，符合最小必要原则。但是，如果服务提供者收集了疾病史、通话记录等个人信息，在注册账户场景下显然并不必要，也就不符合最小必要原则，不应当进行收集。此外，如果具身智能提供者无意中收集了相关个人信息，应当及时予以删除或进行匿名化处理。

4. 个人信息收集的目的限制问题

所谓的目的限制，是指在具身智能服务场景下，基于不同服务目的的相关设备在收集个人信息后，这些个人信息仅能在收集相关的目的下使用，不能超过处理个人信息的目的。例如，具身智能设备在收集相关个人的声音后，会基于提供的信息咨询服务反馈相关回复，此时具身智能的设备和背后算法是基于提供服务的目的处理相关个人信息，在收集个人信息目的范围内。但是，如果具身智能设备将用户个人声音通过算法加工集成，作为数据集对外销售给其他公司以获取经济利益，该等行为则超出原来收集个人信息的目的范围。

二、具身认知阶段的个人信息保护

在具身认知过程中，具身智能产品往往需要对个人信息进行加工、融合并输出结果。在此过程中应当注意是否涉及汇聚融合，以及是否涉及用户画像和自动化决策。

1. 汇聚融合

汇聚融合是指将各处收集的相关数据在同一系统或平台内进行集中加工处理的过程，在这一过程中，可能会涉及收集的个人信息敏感度提高的情况。下面我们来看这样一个例子，假定在具身智能体的算法设计中，需要根据法律法规收集用户的认证信息，据此系统收集了用户生日部分打码的身份证号码。然而，在提供服务的过程中，系统还收集了用户的生日信息，那么就可以拼凑出完整的身份证号码，敏感程度显然就提高了。因此，具身智能服务的提供者，需要对汇聚融合事项进行内部制度管理和操作流程制定。

2. 用户画像和自动化决策

由于具身智能产品往往针对个人提供个性化服务，因此我们在具身认知的迭代过程中，需要注意是否涉及给用户打标签并结合用户画像输出成果的情况。如果涉及，我们应当根据《中华人民共和国个人信息保护法》第二十四条的规定向用户进行告知，并提供取消个性化服务的选项，并在必要时向相关个人解释自动化决策的基本逻辑。例如，在使用用户画像并进行自动化决策过程中，具身智能服务的提供者收集相关人脸信息后，根据人脸信息分析每个人的长相并打上评分标签，在提供产品时根据人的长相提供不同的服务。此时，该等用户画像标签就是歧视性标签，不符合法律法规的要求。

三、具身行动阶段的个人信息保护

在具身行动的过程中，具身智能产品与服务的提供者应当注意输出成果是否合法和正当，并结合《互联网信息服务管理办法》的要求审核输出结果是否符合法律法规的要求。依照国家法律法规规定的互联网信息内容管理要求，如果具身智能使用者输入的相关数据并不符合，应当在执行前进行拦截并告知相关个人。而关于输出成果问题，目前由于具身智能提供者难以控制使用者的行为，因此在相关协议中可以约定：相关使用者应当按照法律法规的要求和规定输入内容，并生成结果，使用者应当对自己生成的结果承担相关责任。不过，如果按照上述约定，具身智能行动的结果可能无法作为具身智能提供者的成果直接用于商业利益，对于该等商业利益的考量、与具身智能使用者之间的法益平衡，仍是未来需要探讨的问题。

另外，对于具身智能的行动过程，也需要考虑到对于个人信息的保护。在行动结果发生后，可能会产生个人信息泄露的情况，而有的使用者可能会要求产品与服务提供者删除基于同意而收集和处理的个人信息，此时应当对相关个人信息予以删除。如果具身智能使用者基于个人信息保护事项向具身智能产品与服务的提供者行使相关权益，提供者也应当根据《中华人民共和国个人信息保护法》及相关法律法规的规定提供相应的路径，积极响应相关行权活动。

第七章
具身智能将怎样改变我们的世界

科技是我们解决问题的方式。

——史蒂夫·乔布斯（Steve Jobs）

科技进步的价值并不在于进步本身，而在于便利了我们的生活，解决了我们遇到的种种问题，从我们身边的点滴逐渐影响着整个世界，具身智能当然也是如此。在本章中，我们将详细介绍具身智能的发展对于社会与生活的影响。

第一节　具身智能的生态参与者

想要了解具身智能对于社会与生活的影响，首先需要了解整个生态中的参与方，具身智能对于不同参与方的影响其实是不一样的。如果把具身智能生态抽象为三个角色，那么这三个角色可以被概括为：技术供给者、技术消费者、技术治理者。本小节将针对这三个角色，讲一讲具身智能技术的进步和发展给这些参与者带来了哪些影响。

一、具身智能的技术供给者：产、学、研融合与跨学科交叉

具身智能的跨学科交叉属性强，因此供给侧产、学、研的协同合作显得尤为重要。具身智能的产品服务缘起于科研创新，进而通过企业实现业务转化和产业化，然后由投资机构借助资本杠杆放大并推向市场。科研人员、产业从业者、投资人是构成具身智能供给侧的主要角色，但和过去纯人工智能赛道聚焦软件层面不同，具身智能还涉及硬件层面。

软硬件交叉的特性让具身智能在科研层面上涉及众多的学科，可能包括材料学、机械动力学、控制理论、电子科学与技术、仿生学等多学科交叉。不过，目前交叉的焦点放在了机器人学、自主系统、感知、运动控制和人机交互等领域，所以目前在这个领域科研较为领先的还是此前在这些方面有所积累的高校和实验室。

要想推动具身智能领域持续进步，仅仅只有学界的努力显然是不够的，还需要业界的参与。但无论是学界还是业界，都将人工智能从数字世界走向物理世界的发展过程视作具身智能的本质。英伟达创始人黄仁勋认为具身智能是"能够理解、推理并与物理世界互动的智能系统"，而知名人工智能科学家李飞飞认为"具身的含义不是身体本身，而是与环境交互以及在环境中做事的整体需求和功能"。虽然表达方式不同，但二者的理念却是殊途同归的。过去一段时间，我们见证了数字经济的蓬勃发展，而数实融合是未来的大势所趋，具身智能是联结数字世界与现实世界的重要桥梁。因此，具身智能和传统人工智能不同，它不再只是纯数字世界的技术创新，而是数字世界和物理世界的复合式创新。如果说人工智能算法为机器创造了聪明的"大脑"，那么具身智能则是要让机器拥有灵活的"身体"。

因此，具身智能方向的技术创新一定要走出数字世界并与物理世界相连，连接的过程也必然涉及学科之间的交叉互融。除了传统人工智能领域的计算机理论外，还需要涉及物理领域，包括材料学、机械动力学在内的学科理论，像机器人这类热门领域更离不开生物学、仿生学的支撑来实现机器人的拟人化过程。特斯拉 2023 年度股东大会上展示的

Optimus 人形机器人已经可以完成捡拾物品、环境发现与记忆、人类动作模仿、物品分类等任务，背后的理论支撑已不再是计算机科学这一单一学科。更重要的是，当具身智能产品量产时，所带动的产业发展也不再只是一个单一行业，而将实现整个产业链条上的需求大爆发。同样以机器人产业为例，上游包括控制器、传感器在内的核心软硬件，中游主要是本体制造商，下游则是基于各种场景的应用。产业链路越长，也就意味着需求爆发时带来的经济拉动作用越强。

二、具身智能的技术消费者：从书面语言交互到肢体语言交互

ChatGPT 的横空出世不仅让广大网民震撼于虚拟世界中 AI 的强大，也正在改变着人与手机、计算机等实体设备的交互方式。而支撑 ChatGPT 的大语言模型充其量还只是对 AI "大脑" 层面的优化，让编程语言不再成为人类和机器之间沟通的障碍，但要真正影响现实世界，还需要具身智能来连接具备实实在在的身体。

当人工智能以有形的身体走进我们的生活时，人机交互方式的革新将会是颠覆性的。今天我们和人工智能机器人的

交互载体是语言，无论是通过键盘打字还是通过语音交互，人工智能软件能为我们输出的也只可能是以图片、文字、视频形式存在的内容。然而，人与人的有效沟通其实更大程度上在使用肢体语言，根据哈佛大学教授梅尔比亚的研究发现，人与人之间的沟通效果中肢体语言占比是55%。随着具身智能技术为机器提供更多交互方式，人类与机器之间的交互也将从文字语言、声音语言拓展到肢体语言，从而有望提高人机交互的沟通效率。

以机器人领域为例，当具身智能相关技术赋予了机器人肢体语言时，那么在服务沟通场景下，机器人可以使用肢体语言来指示客户去哪里或者表达他们的需求；在陪伴场景下，机器人可以通过表情和姿势来表示关心和同情；在教育场景下，机器人可以通过手势和示范来帮助学生更好地理解和掌握知识；在智能制造场景下，协作机器人可以使用手势来指示人类工作伙伴在某个方向上移动或停止操作；在娱乐场景下，娱乐机器人还可以通过舞蹈和动作与人类一起玩耍，增强娱乐性和互动性。

更有意思的是，在机器人习得肢体语言的过程中，人类自身就是机器人最好的老师。当具身智能赋予了机器人感知能力，让机器人真正"看见"物理世界并观察人类行为时，自然也就加快了机器向人类模仿和学习的速度，人类也就可以更加高效地教会机器人各式各样的行为和动作。当机器人有了"七力五感"时，它的潜力也将大大地被释放。就像加州大学伯克利分校的安卡·德拉甘（Anca Dragan）教授曾提出的"要让人工智能达到具身智能，机器人需要不断通过视觉、肢体、听觉、触摸等方式学习"。

三、具身智能的技术治理者：应对挑战，防患于未然

诚然，具身智能将打开人机交互的新时代。但在感叹具身智能为我们的生活带来诸多便利时，技术治理者也应该关注这一创新技术可能给社会层面带来的潜在挑战，这对相关监管部门提出了更高的要求，挑战主要来自以下几个方面。

一是数据隐私安全。具身智能系统在实际环境中操作，可能会收集更多维度、更大数量、更加敏感的用户数据，尤其是相较于离身智能而言，具身智能大量使用传感器，增加了消费者私人信息的曝光渠道。因此，对于技术治理者来说，更需要从政策层面建立严格的数据隐私法规，明确数据收集、使用和共享的规则，并确保系统采取必要的安全措施来保护这些数据。

二是责任和法律挑战。具身智能产品与服务所涉及的产业链环节较多，当具身智能系统出现故障、导致意外事件或损害他人时，责任分配问题会变得十分复杂。技术治理者需要从法规制定上明确责任分配，规范具身智能系统在发生事故或损害他人时的法律责任，并鼓励技术厂商提供合适的保险或赔偿机制。

三是透明度与可解释性问题。具身智能系统的决策通常是"黑匣子"，难以解释和理解，这一点放在许多现实场景内可能是不可接受、具有巨大安全隐患的。技术治理者可以在合理的范围内要求制造商确保部分功能特性的透明度和可解释性，满足用户和监管机构的需求。

四是社会伦理方面的挑战。具身智能系统的广泛应用可能对社会、文化，尤其是就业产生深远的影响。技术治理者还需要从政策层面促进社会影响评估，确保系统的发展符合伦理原则，减轻不利影响。

第二节　具身智能的经济与社会影响

具身智能发展到现在其实是一场技术革命。既然是革命，它就会影响每一个人的生活，影响到经济与社会链条里每一个小的"螺丝钉"。在本小节中，我们将从多个方面来分析具身智能带来的经济与社会影响。

一、具身智能与商业

从经济上看，最直观的影响就是新商业模式的诞生和新商业机遇的孕育。如果用移动互联网来类比，在智能手机还未出现的时候，还没有那么多移动互联网的应用，也没有那么多细分的商业机会和这些机会下独特的商业模式。而在智能手机出现时，更多形式的人机交互得以在这块小小的屏幕中产生，为移动互联网应用提供了环境和土壤，让人们出行、购物、餐饮、租房、娱乐等重要构成都发生在移动设备上，也由此诞生了字节跳动、美团等知名公司。在目前的人工智能上已经看到了这样的趋势，生成式人工智能的出现也同样改变了人和信息交互的方式，以滑动、点击、拖动为主的交互方式已经成了人类的书面语言交互。而具身智能还将对信息交互模式在物理世界做出进一步延续，为用户带来更丰富的交互场景，其中产生的商业价值无疑是具有很大想象力的。例如，围绕数据产生的商业模式可能就是一个典型场景，具身智能训练时会涉及大量多种多样的数据。

当今很多场景下，训练模型需要使用大量数据，这些数据的来源，以及基于这些数据来源获得的收益到底是否能使数据所有者获益是很不清晰的，而这些都是需要去解决的问题。我们国家已经成立了国家数据局，这将有利于数据共享机制的打通以及数据的交易。

不过，当在经济角度畅想具身智能带来的商业机会时，也要警惕因具身智能的"技术鸿沟"而拉大贫富差距的风险。回顾过去十几年互联网的发展，它确实提高了整体的社会福利，但也确实带来了数字鸿沟，例如城乡差距，老年人无法适应现代科技的问题，我们需要关注科技的发展是否只有益于一部分人，甚至少部分人的风险。监管部门需要采取一些措施来面对这些类似的风险，比如加强政策引导、监管力度以及社会舆论方面的引导。从社会分工角度来讲，具身智能这样一个对现实世界有着深刻影响的工具只被少数群体掌握时，是一件很可怕的事情。对于大量的基层工作者来说，也许具身智能的效率会更高、成本更低，但并不能为他们所用，反而会冲击他们的谋生之本，此时，具身智能对于他们来说就不是进步，而是灾难，这些人会变成新时代的弱势群体。在未来的新时代，具身智能必须确保它是一项造福全人类的技术，而不仅仅是个人或个别公司谋求利益的工具，必须努力确保每个人都能受益于人工智能，这样它才不会拉大贫富差距，而是造福于民。

二、具身智能与新质生产力

国务院总理李强于 2024 年 3 月 13 日在北京调研时指出，发展新质生产力是推动高质量发展的内在要求和重要着力点。人工智能是发展新质生产力的重要引擎，要加强前瞻布局，加快提升算力水平，推进算法突破和数据开发使用，大力开展"人工智能 +"行动，更好赋能千行百业。[①] 而具身智能技术是人工智能链接现实产业的重要依托，属于关键性的创新技术领域，对于推进"人工智能 +"的战略布局具有重大意义。在具身智能技术的加持下，可以形成创新、质优、高效的先进生产力，推动全要素生产率的大幅提升。在这样的背景下，学界、业界需要加快具身智能技术的攻关，以科技创新驱动产业创新，各地政府也需要遵循具身智能产业发展规律，结合各地实际情况，因地制宜、科学谋划推进新质生产力发展。

---

① 参考自 https://finance.ifeng.com/c/8XvNW0nZP8q。

三、具身智能与就业

在就业方面，具身智能无疑是一把双刃剑。

一方面，具身智能会带来很多新职业，并且未来很多工种的工作内容和工作方式会发生巨大的变化。这种变化往往意味着机遇，尤其是那些有很多想法，但卡在执行环节的员工和年轻人，从想法到现实的路径变短，会给更多人做创意和创造的机会，也将会给更多人带来新的，甚至是跨界的事业。以最近一次技术跃进的代表——生成式人工智能为例，我们看到了提示词工程师等新职业的诞生。可以预见的是，随着人工智能有了身体，具身智能的训练师也将成为新的职业进入我们的社会。

但另一方面，类比生成式人工智能对就业影响的相关研究，具身智能的推广也会产生结构性失业的风险。因为在相关技术的发展下，经济结构和职业结构发生了变化，劳动力市场供求关系的变化可能导致不少人群的失业。OpenAI 基于美国劳工统计局数据，针对 GPT 模型及相关技术对劳动力市场的潜在影响做了研究，研究表明，对 80% 的美国劳动力而言，至少有 10% 的工作内容会受到 GPT 的影响；对 19% 的劳动力而言，有超过一半的工作内容会受到 GPT 的影响。而且，所有工资水平的工作都会受到影响，其中高收入工作面临更大的风险。受影响最大的职业包括翻译工作者、作家、记者、数学家、财务工作者、区块链工程师等。相比之下，体力劳动占比较多的工作，比如食品、林业、社会援助等受到的潜在影响最小。[①] 这表明 GPT 模型及其相关技术可能导致失业率的显著上升。而具身智能较生成式人工智能而言，由于有了身体，可替代的人工岗位的范围会更大。并且值得注意的是，这种影响可能不是暂时的，如果失业人群一直不能适应新技术的变化并掌握新的技能，这种失业状态可能还会一直持续下去。为了解决这个问题，我们需要完善和优化职业教育和再教育体系，大力发展职业教育并建立劳动者终身职业技能培训制度。帮助劳动者了解人工智能，加快适应新一代人工智能技术产生的新岗位和新技能。

四、具身智能与老龄化

具身智能既具备身体，又具备智能，可以很好地陪护那

---

① 参考自 Eloundou, T., Manning, S., Mishkin, P., & Rock, D. (2023). Gpts are gpts: An early look at the labor market impact potential of large language models. arXiv preprint arXiv: 2303.10130.

些记忆衰退、行动不便的老龄群体，为智慧养老带来前所未有的机遇。按照现如今的人口结构及发展趋势，未来可能无法保证一比几的真人陪护率。在这样老龄化的人口结构下，智能家居、可穿戴智能设备以及人形机器人或许能成为解决之道，下面我们来列举一些实用场景。

1. 陪伴与社交

当人形机器人技术足够成熟时，具身智能家庭机器人可以充当老年人的伴侣，提供陪伴和社交支持。它们可以进行简单的对话、播放音乐、提供娱乐，甚至是与老年人一起做体育锻炼，从而减轻孤独感和抑郁情绪。来想象这样一个场景，在一个安静的午后，独居在家的老人感受到了前所未有的孤寂，而家里的具身智能机器人识别到了这种情绪。突然，老年人的房间里响起了他们最爱的老歌。人形机器人细心地挑选出这些金曲，让音乐能唤起美好的记忆，为老人的内心带来一抹温暖。与此同时，机器人慢慢靠近，用它的机械臂轻轻抚摩老人的手背，模拟人类的温暖抚触，表现出仿佛理解和共情。然后，与老人聊聊感兴趣的话题，无论是关于花园种植、棋牌游戏，还是书籍和影视剧。老人在对话中逐渐找回了笑容，晚上甜美地进入梦乡。这样一幅画面，相信每个人都想看到。

2. 健康监测与安全监测

如今，我们随处可见智能手表这样的可穿戴智能设备，老人能通过语音交互唤起各种功能，而穿戴设备也可以通过语音及时进行吃药、就医提醒。如果把可穿戴设备的实体视作身体，在具备了智能功能的同时，也可以被看作广义上的具身智能。除了交互形式的便利外，这些具身智能设备往往还能协助监测老年人的健康状况，如测量心率、血压、体温等，在条件允许的情况下，这些数据可以发送给陪护人员或医疗人员，以便提供陪护建议和医疗建议。此外，更有用的是，这些设备能帮助老年人应对紧急情况，如摔倒或突发疾病等。在这种情况下，它们可以自动触发警报，同时提供语音或视频通信，以联系紧急救援团队或家庭成员。

3. 康复训练和生活协助

老年人因为年纪的增长往往会面临各种身体上的挑战。有的可能是手脚不便，行动艰难；有的则可能因为中风等疾病需要进行康复训练。这些特殊需求无疑增加了他们生活的难度，而具身智能技术则可以帮助他们很好地解决这些问题。比如在物理治疗领域，具身智能机器人可以根据医生或物理治疗师设定的康复计划，帮助老人进行恢复力度和关节活动度的训练。它们可以准确执行和监控老人的训练动作，确保他们在安全的范围内进行锻炼。而对于言语治疗，具身智能机器人可以通过互动游戏或对话练习，协助老人恢复和提高语言能力。即便老年人不需要康复训练，因为腿脚和腰背的老化，在很多生活事务上可能都需要帮忙，比如烹饪、清洁等场景，而各种形态的具身智能体，就可以为他们提供帮助。

五、人机共生：中国的具身智能发展

长期来看，人类如何塑造更和谐的人机共生关系是值得深思的问题。具身智能作为硅基生物和人类作为碳基生物都是广义大自然的一部分，需要形成一种彼此促进、和谐相处的共生关系。为了实现这一点，从中国本土实际情况出发，需要从组织优势资源、完善创新体系和深化教育改革几个方面着手，促使具身智能技术逐渐走向成熟，构建一个与具身智能良性相处的模式，推动科技与社会并步向前。

在组织优势资源方面，需要弥合理想与现实间的技术差距。首先，要加快新型信息基础设施建设，在维护数据和网络安全的前提下鼓励企业、科研院所开放数据模型资源，通过搭建具身智能数据资源整合平台与数据要素共享机制，加快释放数据生产要素在推动新一代人工智能技术发展过程中的潜力，打通各个创新主体之间的"数据孤岛"，提高整个新型人工智能产业的研发创新效率。此外，还要发挥新型举国体制的制度优势，通过政府力量和市场力量协同发力，进一步提高产、学、研各创新主体在探索具身智能技术过程中的协调性，凝聚优势资源，集中攻克技术难题，加速弥合在具身智能技术上与国际先进水平的差距。最后，要加强国际合作，预防新型技术脱钩。通过积极加入国际合作参与到具身智能技术的国际规范和规则制定中来，进而引领技术发展。

在完善创新体系方面，需要重视成果转化。通过分析具身智能及相关技术的创新之处不难发现，具身智能技术的创新过程具有很强的自发性和内驱性，此次创新不只是技术创新，更是组织形式的创新和导向理念的创新。因此，一方面，要强化企业创新主体地位，调动企业创新的积极性，发挥优势企业的合力；另一方面，要完善国家创新体系，重视具身智能领域的应用创新和科技成果转化。尤其是在未来创新路径不清晰时进行的应用探索开拓过程中，要破除纯"论文至上"的导向，明确论文只是科技创新成果的一种表现形式，但不是科技成果转化的终点。从中长期来看，只有从根本上改革创新体制，为具身智能这类科技创新提供肥沃的"土壤"，才不至于在科技创新中处于被动跟进的位置，也才能够在世界科技前沿引领创新发展方向。

在深化教育改革方面，需要加强人才储备。针对具身智能技术创新和应用创新的需要，一方面，要加大对高校相关学科教材的升级改革以适应变化，进而确保具身智能技术人才储备充足；另一方面，也要充分发挥产学研联动优势，加强企业、高校和科研院所的联合培养机制，创新人才培养模式，促进高校和科研机构向企业端输送优秀的应用创新人才及基础技术成果的转化。

第三节　具身智能背景下的教育

2023 年初，针对 ChatGPT 等 AIGC 领域的技术爆发，许多教育界的专家学者已对未来"机器替代"的趋势展开了密切的讨论，并重新审视了当今中国的教育现状。而面对未来具身智能的发展，当强大的 AI 拥有了身体，中国的教育又该何去何从，这无疑是同样重要的话题。

教育是一个国家新生的潜质变量，教育更好才会有更好的人才，综合国力才可能会更强。当具身智能与教育领域相遇时，我们面对的是对既有教育模式的重新评估，以及如何整合这一新兴趋势来优化教育体系的问题。从宏观上来看，具身智能与教育的结合存在方向上的分歧，这也是培养下一代人成长的交叉和分歧点。从微观上看，在学校的教育环境中，是否应该引入具身智能等人工智能技术来协助教育学习过程，许多学校还举棋不定。参考之前 AIGC 领域的发展，一些学校反对学生使用 ChatGPT 写论文，但也有部分学校支持学生使用。解决分歧，在保证教育质量的同时，不阻碍新技术的积极影响，将会是未来推进具身智能在教育领域应用的重要命题。

在教育体系中培养的人才，最终仍然需要输出到社会，教育应该思考的是：需要培养什么样的技能，以使学生在未来的竞争中更具优势？当技术的洪流滚滚向前，教育在警惕新技术带来的风险时，也应该跟上技术发展的步伐。以会计专业为例，当信息技术发展时，如果还沉溺于算盘计算的教学，不与时俱进开启 Excel 等技术的教学，无疑会让学生落后于时代。今天的具身智能及其相关技术之于教育，就像是算盘计算教育时代的 Excel，不能一味地抵制、批评、限制，它代表了新的时代和先进的生产力。我们应该以一种更加开放的态度来看新技术带来的机遇和挑战，下面就让我们来谈一谈具身智能背景下教育的机遇与挑战。

一、具身智能给教育带来的机遇

具身智能给教育带来的机遇主要包含三个方面：第一，是教育对象的扩展，尤其是为改善特殊群体的教育提供了很大帮助；第二，是教育过程的智能化，在技能层面实现学生的个性化教学；第三，具身智能的发展推动了教育性质的转变——从知识、技能教育到真正的智慧教育。下面我们详细介绍一下这三个方面。

1. 教育对象的扩展

在具身智能技术的协同下，教育对象的扩展表现在通过更多元化的学习方式和辅助手段去扩展教育的受众群体，尤其是对于特殊群体。根据国家统计局发布的数据，截至 2022 年底，中国残疾人总人数为 8 591.4 万人，占总人口的 6.16%。有了具身智能技术的发展，这些群体也能收获高质量的教育体验。想象一下，一个配备先进感知器的智能机器人，可以识别手语并将其翻译为音频，也可以进行相反操作，帮助听障学生更好地理解课堂内容；智能外骨骼则可以让有运动障碍的学生参与到体操或舞蹈课中去。这些具身智能设备不仅为有特殊需求的学生打开了一个全新的学习领域，也帮助老师更有效地准备和执行教案。

此外，具身智能的交互体验极大地改善了教育的感官和互动层面，许多因为身体条件、地域的局限难以收获特定知识或技能教育的群体，都可以借助新技术来弥补这一点。智能机器人或装置可以通过图像、声音乃至触觉的交互，营造出一种身临其境的学习环境，去赋予这些对象过去可能无法获得的教育体验。

2. 教育过程的智能化

在传统的教育模式中，无论是上课测验、期末考试，还是论文答辩，其实都是高度标准化的流程，而过度的标准化常常会导致教学内容和评估方式的单一化，学生们像是流水线上的产品，被迫通过一道又一道相同的标准化考验，直至走上工作岗位。尽管互联网在线教育的兴起在一定程度上增加了获取知识的便利性，部分互联网智能产品提升了知识层的科研教育建设是必不可少的。针对这一场景，松灵机器人推出了 Cobot S Kit 的具身智能科研教育平台[①]。Cobot S Ki 的科研教育解决方案深度整合了移动机器人平台、精确传感、AI 大模型技术，以及灵活的机械臂设计，为科研教育提供了一个优质的模拟实验环境。Cobot S Kit 的配置足以满足科研教育实践的高标准要求，它搭载了高精度的传感技术，配合强大的算力为机器人提供了在复杂环境中的实时建图、路径规划、自主导航及动态避障的能力。而其轻量级 6 轴机械臂和夹持式机械夹爪，可以让学生轻松完成机械臂的运动学习、仿真、运动路径规划和运动控制等相关任务的实践。

此外，顶端云台搭载的相机系统类比于人的头部和视觉系统，增强了机器人的环境感知和适应能力，让机器人能够更为全面地评估各种环境变化并适应不同的任务需求，并且内部还嵌入了先进的视觉抓取技术，可以实现从不同角度和距离对各类物体的精确抓握。更具特色的是，Cobot S Kit 还具备大模型训练的接入能力，不仅能支持如 ChatGPT 这样的大模型，还能够在特定场景下进行机器人程序的设计与训

---

① 参考自 https://www.agilex.ai/solutions/20。

练，极大地增加了学习过程的实践性和互动性。利用这样的平台进行具身智能领域的科研教学，不仅能让教学过程变得更加直观，而且也有助于提升学生的动手实践能力。

面的个性化教育，但也很难在一些涉及现实交互的技能层面完成这一点。

具身智能不同于传统软件型的智能，而是通过实体的智能设备，如智能机器人或智能操作设备，进入学生的学习生活，从而带来了个性化教育的新天地。想象一下，对于一些技能层面的教学，通过不断与学生互动，这些具身智能设备能够收集和分析学生的学习反馈数据，结合大数据分析、预测学习路径、教学案例数据库，为每位学生量身定制个性化的学习计划。这种技术手段的运用，可以令具身智能设备根据艾宾浩斯遗忘曲线等学习理论，对学生进行实时的学习辅导和记忆强化，显著提高学习效率，降低记忆负担。我们已经看到无数智能软件在辅助背诵单词等方面取得成功，现在，具身智能的进场让我们可以期待更多实体化的硬件教育应用，如智能设备辅助的钢琴辨音系统。未来甚至可能在书法、网球等需要现场动手实践的领域实现真正的个性化教育。

具身智能的价值不仅仅体现在为学生提供高效、愉悦、个性化的学习体验，它同样为教师的教学环节带来了前所未有的便利。以往，像实验教学领域的个性化教学，往往因资源和手段的限制很难实现，但随着具身智能技术的发展，智能硬件可以帮助完成复杂的实验操作。而在评估环节，操作检阅机器的使用也将大大减轻教师的负担。

无论是从学生角度，还是从教师角度，具身智能都在推动技能教育的"因材施教"，在推动教育过程更加智能化的同时，也推动着新时代的到来。

3. 教育本质的变化

爱因斯坦曾经说过："教育就是当一个人把在学校所学全部忘光之后剩下的东西"。正如我们中文学习中常说"得意而忘言"，很多时候我们阅读不是为了去背一下作者的原话，而是读完之后，可能我已经不记得作者当初是怎么说的，但是我可以把它所表达的核心思想融会贯通到我们的工作和生活中，这才是教育的本质。

而伴随着具身智能的广泛应用，越来越多的职业岗位不再需要只是通过反复训练而形成基本知识技能的员工，而是需要有思维力、判断力、应变力等智慧型的人才。因此具身智能的应用敦促我们在教学中要促进从知识技能教育向智慧教育的转换。在传统的知识教育环节中，比如在教授孩子美术的时候，老师会更注重学生对于笔法和技巧的掌握。但在智慧教育的背景下，美术教学就不再仅仅局限于技艺的传授。相反，它更加强调创意思维的培养、审美能力的提升，以及将艺术与日常生活相结合的能力。未来，就像现在 AI 绘画的发展一样，借助具身智能相关技术，或许许多实体艺术形式的创作环节都可以由机器人来完成，而创作者的关键能力就变成审美、创意以及艺术思想。

不断进步的具身智能技术，要求我们的教育体系同样需要进步。在学校里，当我们把教育的重心从知识技能教育转为智慧教育时，即使在具身智能日益普及的未来，孩子们也能拥有那些机器所无法替代的核心竞争力，授课内容之外，那些宝贵的品质和能力将伴随他们的一生。

二、具身智能给教育带来的挑战

具身智能给教育了带来无限的机遇和空间，但同样也有不少挑战，我们仍在前行的路上。主要的挑战来自三个层面：技术整合挑战、教师适应挑战和数据保护挑战。

1. 技术整合挑战

将具身智能技术与现有的教育制度和教育模式结合可能很复杂。中国拥有庞大覆盖面积的义务教育体系，而现行的教育体系已经在长时间内形成了相对稳定的运作机制，任何具有颠覆性的变革都是牵一发而动全身。

最典型的问题就是技术标准的统一与兼容性。中国的教育体系覆盖广泛，不同地区、不同学校之间的教育资源和设备配置存在差异。因此，如何确保具身智能技术能够在不同的教育环境中稳定运行，并且与现有的教育设备、软件等实现无缝对接，是一个亟待解决的问题。

2. 教师适应挑战

对于成长期的青少年来说，教师一直是教育过程中的引导者，具身智能技术要想渗透整个教育过程，教师对新技术的适应是必要条件。适应主要来自能力适应和思维适应两个方面。在能力适应方面，教师需要不断学习并掌握这些新兴工具的使用方法，以便将其融入教学中。然而，对于许多教育者而言，新技术的使用并不简单，需要投入大量的时间和精力去熟悉和掌握，也需要相关培训资源的支持。而在思维层面，因为学习成本高，加之过去在教学实践中已经形成的固有经验，许多教师并不认为新技术能够带来教学效果的提升，从而难以接受具身智能等新技术对于教学的融入。这两个方面的问题在多媒体技术于教育的应用推广中就已经十分凸显，而具身智能技术想要实现广泛的教育落地也难以避开这一问题。

3. 数据保护挑战

　　过去人工智能被应用于教育领域时，学生数据的采集就是一个极具争议性的话题，而这一点在具身智能技术应用时会显得更加突出，因为它还会通过各种传感器采集维度更加丰富的学生行为数据。如何确保这些数据的安全性和隐私性，避免数据泄露和滥用，同时又能够实现数据的有效整合和利用，是一个需要仔细权衡的问题，这通常需要建立一套透明的数据治理架构。在这一治理架构下，教育机构应该向学生及家长明确数据的使用目的，定期进行数据安全的审计，以确保学生的各类数据得到了很好的保护。

　　上述三个挑战的解决不是一蹴而就的，需要在长期的探索实践中逐步完善，相信在不远的未来，我们就可以看到具身智能技术在教育领域的广泛应用，每一个学生都可以享受到更加个性化、内容形式更丰富的教学体验。

三、具身智能教育应用的相关案例

　　在前文，我们深入分析了具身智能的发展为教育领域带来的机会与挑战，虽然具身智能在教育领域的应用尚不成熟，但我们仍能看到许多优秀的早期案例。在下面的内容中，我们将对部分案例进行介绍。

1. 机器人 Furhat

2022 年，瑞典的一家初创公司 Furhat Robotics 推出了一款智能机器人 Furhat，这款机器人可以通过面部表情、声音和身体语言与人进行自然的交谈。[①] 相比于传统的交互式机器人，Furhat 最大的特点是具有高度的面部表现力，这种表现力来自自然的头部运动、流畅的面部姿势以及与眼睛注视的结合。此外，该机器人还内置了脸部和眼睛的微动等行为，给人以真人一样的感觉，例如在强调某个词或瞥一眼另一个人时，它会微微扬起眉毛。

除了依靠脸部动画和 3D 建模打造面部外，Furhat 还具有超强的感知和交互能力。Furhat 能够使用计算机视觉技术实时跟踪多个用户，进行面部表情分析，估计头部姿势和用户距离，还能通过组合的视觉和音频输入，最多与 10 个人进行互动，并在互动中记住和区分他们。在交互时，它不仅能

---

① 参考自 https://furhatrobotics.com/。

在嘈杂环境中精准地捕捉声音，还具有强大的自然语言理解能力，支持多语种流畅对话。在对话中，它还会分析用户的参与度、注意力以及内心状态，用目光或微笑给予幸福、惊讶、愤怒、悲伤等情绪回应。

当前，Furhat 在教育领域可以扮演多样化的角色，既能帮助孩子在学习上进步，也能提升孩子的社交能力和创新思维。在学习方面，Furhat 可以模拟真人口语交谈场景，帮助孩子练习外语，增强他们的语言运用，也可以设置进行各种学科的模拟训练，比如数学题目解答、科学知识讲解等，帮助孩子们提升具体的学习技能。通过和机器人进行互动，孩子们可以学习社交规则和增强自己的社交能力。不仅如此，它还能理解和回应人类情绪，提供情绪上的支持和安慰，陪伴孩子度过孤独的时刻。

2. 机器人 Misa

Misa 由 Misa Robotics LLC 公司研发，能够在日常生活中扮演各种角色，帮助用户的生活更加便捷[①]。Misa可以利用先进的自然语言理解功能以及语音与周围的人进行

---

① 参考自 https://www.heymisa.com/。

互动和交流，从而与家人建立关系，并且其独特的互动性和移动性，可以使它在家与孩子一起玩耍、感知障碍物。

在教育孩子方面，Misa 将寓教于乐这一点落实得很好，热衷于激发孩子们的玩耍、参与和创造力，作为他们未来成功的基础。Misa 内置了丰富的教育 App，包括数学、科学、编程、语言学习等各种学科，可以满足不同年龄、不同兴趣的孩子们的学习需求。而且，与传统的书本学习相比，Misa 以游戏和互动的方式进行教学，使孩子在玩耍的同时也能学到知识。Misa 的高度交互性，能够对孩子的命令或问题进行反馈。这不仅能吸引孩子的注意力，也能激发他们探索和学习的兴趣。除了学科教育外，Misa 在生活教育方面做得同样出色，可以通过故事、视频、交互游戏等形式，为孩子灌输正确的行为举止与健康的生活习惯。此外，Misa 还具有儿童安全模式，可以防止孩子接触不适当的内容，保证安全的在线学习环境。同时，即使父母不在家也能通过视频通话的功能看着孩子做作业，或者由老师远程辅导。

3. Cobot S Kit

为了更广泛地培养具身智能领域的人才，针对该领域